U0158791

景境构成——品题（上册）

苏州园林园境系列　　曹林娣 ◎ 主编

曹林娣
赵江华 ◎ 著

中国电力出版社
CHINA ELECTRIC POWER PRESS

内容提要

《苏州园林园境系列》是多方位地挖掘苏州园林文化内涵，并对园林及具体装饰构件进行文化阐释的专门性著作。本书（上、下册）包含苏州园林中的沧浪亭、网师园、狮子林、拙政园、艺圃、留园、天平山庄、环秀山庄、耦园、怡园、曲园、拥翠山庄、退思园、虎丘，通过解读苏州园林的品题（匾额、砖刻、对联）及品题的书法真迹，使读者感受苏州园林深厚的文化底蕴。

图书在版编目（CIP）数据

苏州园林园境系列. 景境构成·品题：全 2 册 / 曹林娣，赵江华著；曹林娣主编. —北京：中国电力出版社，2021.10
ISBN 978-7-5198-5382-2

Ⅰ . ①苏⋯ Ⅱ . ①曹⋯②赵⋯ Ⅲ . ①古典园林—园林艺术—苏州 Ⅳ . ① TU986.625.33

中国版本图书馆 CIP 数据核字（2021）第 031513 号

出版发行：中国电力出版社
地　　址：北京市东城区北京站西街 19 号（邮政编码 100005）
网　　址：http://www.cepp.sgcc.com.cn
责任编辑：曹　巍　（010-63412609）
责任校对：黄　蓓　朱丽芳　常燕昆
书籍设计：锋尚设计
责任印制：杨晓东

印　　刷：北京瑞禾彩色印刷有限公司
版　　次：2021 年 10 月第一版
印　　次：2021 年 10 月北京第一次印刷
开　　本：787 毫米 × 1092 毫米　16 开本
印　　张：37.5
字　　数：751 千字
定　　价：168.00 元（全 2 册）

苏州
园林

景境构成——品题（上册）

总序

序一

序二

　　《苏州园林园境》系列，是多方位地挖掘苏州园林文化内涵，并对园林及具体装饰构件进行文化阐释的专业性著作。首先要厘清的基本概念是何谓"园林"。《佛罗伦萨宪章》[①] 用词源学的术语来表达"历史园林"的定义是：园林"就是'天堂'，并且也是一种文化、一种风格、一个时代的见证，而且常常还是具有创造力的艺术家独创性的见证"。明确地说：园林是人们心目中的"天堂"；园林也是艺术家创作的艺术作品。

　　但是，诚如法国史学家兼文艺批评家伊波利特·丹纳（Hippolyte Taine，1828—1893）在《艺术哲学》中所言，文艺作品是"自然界的结构留在民族精神上的印记"。世界各民族心中构想的"天堂"各不相同，相比构成世界造园史中三大动力的古希腊、西亚和中国 [②] 来说：古希腊和西亚属于游牧和商业文化，是西方文明之源，实际上都溯源于古埃及。位于"热带大陆"的古埃及，国土面积的 96% 是沙漠，唯有尼罗河像一条细细的绿色缎带，所以，古埃及人有与生俱来的"绿洲情结"。尼罗河泛滥水退之后丈量耕地、兴修水利以及计算仓廪容积等的需要，促进

① 国际古迹遗址理事会与国际历史园林委员会于 1981 年 5 月 21 日在佛罗伦萨召开会议，决定起草一份将以该城市命名的历史园林保护宪章即《佛罗伦萨宪章》，并由国际古迹遗址理事会于 1982 年 12 月 15 日登记作为涉及有关具体领域的《威尼斯宪章》的附件。

② 1954 年在维也纳召开世界造园联合会（IFLA）会议，英国造园学家杰利科（G. A. Jellicoe）致辞说：世界造园史中三大动力是古希腊、西亚和中国。

了几何学的发展。古希腊继承了古埃及的几何学。哲学家柏拉图曾悬书门外："不通几何学者勿入。"因此，"几何美"成为西亚和西方园林的基本美学特色；基于植物资源的"内不足"，胡夫金字塔和雅典卫城的石构建筑，成为石质文明的代表；"政教合一"的西亚和欧洲，神权高于或制约着皇权，教堂成为最美丽的建筑，而"神体美"成为建筑柱式美的标准……

中国文化主要属于农耕文化，中国陆地面积位居世界第三：黄河流域的粟作农业成为春秋战国时期齐鲁文化即儒家文化的物质基础，质朴、现实；长江流域的稻作农业成为楚文化即道家文化的物质基础，飘逸、浪漫。①

我国的"园林"，不同于当今宽泛的"园林"概念，当然也不同于英、美各国的园林观念（Garden、Park、Landscape Garden）。

科学家钱学森先生说："园林毕竟首先是一门艺术……园林是中国的传统，一种独有的艺术。园林不是建筑的附属物……国外没有中国的园林艺术，仅仅是建筑物上附加一些花、草、喷泉就称为'园林'了。外国的 Landscape（景观）、Gardening（园技）、Horticulture（园艺）三个词，都不是'园林'的相对字眼，我们不能把外国的东西与中国的'园林'混在一起……中国的'园林'是他们这三个方面的综合，而且是经过扬弃，达到更高一级的艺术产物。"②

中国艺术史专家高居翰（James Cahill）等在《不朽的林泉·中国古代园林绘画》（*Garden Paintings in Old China*）一书中也说："一座园林就像一方壶中天地，园中的一切似乎都可以与外界无关，园林内外仿佛使用着两套时间，园中一日，世上千年。就此意义而言，园林便是建造在人间的仙境。"③

孟兆祯院士称园林是中国文化"四绝"之一，是特殊的文化载体，它们既具有形的物质构筑要素，诸如山、水、建筑、植物等，作为艺术，又是传统文化的历史结晶，其核心是社会意识形态，是民族的"精神产品"。

苏州园林是在咫尺之内再造乾坤设计思想的典范，"其艺术、自然与哲理的完美结合，创造出了惊人的美和宁静的和谐"，九座园林相继被列入了世界文化遗产名录。

苏州园林创造的生活境域，具有诗的精神涵养、画的美境陶冶，同时渗透着生态意识，组成中国人的诗意人生，构成高雅浪漫的东方情调，体现了罗素称美的"东方智慧"，无疑是世界艺术瑰宝、中华高雅文化的经典。经典，积淀着中华民族最深沉的精神追求，包含着中华民族最根本的精神基因，代表着中华民族独特的精神标识，正是中华文化独特魅力之所在！也正是民族得以延续的精神血脉。

但是，就如陈从周先生所说："苏州园林艺术，能看懂就不容易，是经过几代人的琢磨，又有很深厚的文化，我们现代的建筑

① 蔡丽新主编，曹林娣著：《苏州园林文化》《江苏地方文化名片丛书》，南京：南京大学出版社，2015年，第1—2页。

② 钱学森：《园林艺术是我国创立的独特艺术部门》，选自《城市规划》1984年第1期，系作者1983年10月29日在第一期市长研究班上讲课的内容的一部分，经合肥市副市长、园林专家吴翼根据录音整理成文字稿。

③ 高居翰，黄晓，刘珊珊：《不朽的林泉·中国古代园林绘画》，生活·读书·新知三联书店，2012年，第44页。

师们是学不会，也造不出了。"阮仪三认为，不经过时间的洗磨、文化的熏陶，单凭急功近利、附庸风雅的心态，"造园子想一气呵成是出不了精品的"。[①]

基于此，为了深度阐扬苏州园林的文化美，几年来，我们沉潜其中，试图将其如实地和深入地印入自己的心里，来"移己之情"，再将这些"流过心灵的诗情"放射出去，希望以"移人之情"。

我们竭力以中国传统文化的宏通视野，对苏州园林中的每一个细小的艺术构件进行精细的文化艺术解读，同时揭示含蕴其中的美学精髓。诚如宗白华先生在《美学散步》中所说的：

> 美对于你的心，你的"美感"是客观的对象和存在。你如果要进一步认识她，你可以分析她的结构、形象、组成的各部分，得出"谐和"的规律、"节奏"的规律、表现的内容、丰富的启示，而不必顾到你自己的心的活动，你越能忘掉自我，忘掉你自己的情绪波动、思维起伏，你就越能够"漱涤万物，牢笼百态"（柳宗元语），你就会像一面镜子，像托尔斯泰那样，照见了一个世界，丰富了自己，也丰富了文化。[②]

本系列名《苏州园林园境》，这个"境"指的是境界，是园景之"形"与园景之"意"相交融的一种艺术境界，呈现出来的是情景交融、虚实相生、活跃着生命律动的韵味无穷的诗意空间，人们能于有形之景兴无限之情，反过来又生不尽之景，迷离难分。"景境"有别于渊源于西方的"景观"，"景观"一词最早出现在希伯来文的《圣经》旧约全书中，含义等同于汉语的"风景""景致""景色"，等同于英语的"scenery"，是指一定区域呈现的景象，即视觉效果。

苏州园林是典型的文人园，诗文兴情以构园，是清代张潮《幽梦影·论山水》中所说的"地上之文章"，是为情而构的文人主题园。情能生文，亦能生景，园林中沉淀着深刻的思想，不是用山水、建筑、植物拼凑起来的形式美构图！

《苏州园林园境》系列由七本书组成：

《听香深处——魅力》一书，犹系列开篇，全书八章，首先从滋育苏州园林的大吴胜壤、风华千年的历史，全面展示苏州园林这一文化经典锻铸的历程，犹如打开一幅中华文明的历史画卷；接着从园林反映的人格理想、摄生智慧、心灵滋养、艺术品格诸方面着笔，多方面揭示了苏州园林作为中华文化经典、世界艺术瑰宝的价值；又从苏州园林到今天的园林苏州，说明苏州园林文化艺术在当今建设美丽中华中的勃勃生命力；最后一章的余韵流芳，写苏州园

① 阮仪三：《江南古典私家园林》，南京：译林出版社，2012年，第267页。

② 宗白华：《美学散步（彩图本）》，上海：上海人民出版社，2015年，第17页。

林已经走出国门，成为中华文化使者，惊艳欧洲、植根日本，并落户北美，成为异国他乡的永恒贵宾，从而展示了苏州园林的文化魅力所在。

《景境构成——品题》一书，诠释园林显性的文学体裁——匾额、摩崖和楹联，并一一展示实景照，介绍书家书法特点，使人们在诗境的涵养中，感受到"诗意栖居"的魅力！品题内容涉及社会历史、人文及形、色、情、感、时、节、味、声、影等，品题词句大多是从古代诗文名句中撷来的精英，或从风景美中提炼出来的神韵，典雅、含蓄，立意深邃、情调高雅。它们是园林景境的说明书，也是园主心灵的独白；透露了造园设景的文学渊源，将园景作了美的升华，是园林风景的一种诗化，也是中华文化的缩影。徜徉园中，识者能从园里的境界中揣摩玩味，从中获得中国古典诗文的醇香厚味。

《含情多致——门窗》《透风漏月——花窗》[①]《吟花席地——铺地》《木上风华——木雕》《凝固诗画——塑雕》五书，收集了苏州园林门窗（包括花窗）、铺地、脊塑墙饰、石雕、裙板雕梁等艺术构建上美轮美奂的装饰图案，进行文化解读。这些图案，一一附丽于建筑物上，有的原为建筑物件，随着结构功能的退化，逐渐演化为纯装饰性构件，建筑装饰不仅赋予建筑以美的外表，更赋予建筑以美的灵魂。康德在《判断力批判》"第一四节"中说：

在绘画、雕刻和一切造型艺术里，在建筑和庭园艺术里，就它们是美的艺术来说，本质的东西是图案设计，只有它才不是单纯地满足感官，而是通过它的形式来使人愉快，所以只有它才是审美趣味的最基本的根源。[②]

古人云：言不尽意，立象以尽意。符号使用有时要比语言思维更重要。这些图案无一不是中华文化符码，因此，不仅将精美的图案展示给读者，而且对这些文化符码一一进行"解码"，即挖掘隐含其中的文化意义和形成这些文化意义的缘由。这些文化符号，是中华民族古老的记忆符号和特殊的民族语言，具有丰富的内涵和外延，在一定意义上可以说是中华民族的心态化石。书中图案来自苏州最经典园林的精华，我们对苏州经典园林都进行了地毯式的收集并筛选，适当增加苏州小园林中比较有特色的图案，可以代表中国文人园装饰图案的精华。

由以上文化符号，组成人化、情境化了的"物境"，生动直观，且与人们朝夕相伴，不仅"养目"，而且通过文化的"视觉传承"以"养心"，使人在赏心悦目的艺境陶冶中，培养情操，涤胸洗襟，精神境界得以升华。

① "花窗"应该是"门窗"的一个类型，但因为苏州园林"花窗"众多，仅仅沧浪亭一园就有108式，为了方便在实际应用中参考，故将"花窗"从"门窗"中分出，另为一书。

② 转引自朱光潜：《西方美学史》下卷，北京：人民文学出版社，1964年版，第18页。

意境隽永的苏州园林展现了中华风雅的生活境域和生存智慧，也彰显了中华文化对尊礼崇德、修身养性的不懈追求。

苏州园林一园之内，楼无同式，山不同构、池不重样，布局旷如、奥如，柳暗花明，处处给人以审美惊奇，加上举目所见的美的画面和异彩纷呈的建筑小品和装饰图案，有效地避免了审美疲劳。

朱光潜先生说过："心理印着美的意象，常受美的意象浸润，自然也可以少存些浊念……一切美的事物都有不令人俗的功效。"[1]

诚如台湾学者贺陈词在黄长美《中国庭院与文人思想》的序中指出的，"中国文化是唯一把庭园作为生活的一部分的文化，唯一把庭园作为培育人文情操、表现美学价值、含蕴宇宙观人生观的文化，也就是中国文化延续四千多年于不坠的基本精神，完全在庭园上表露无遗。"[2]

苏州园林是融文学、戏剧、哲学、绘画、书法、雕刻、建筑、山水、植物配植等艺术于一炉的艺术宫殿，作为中华文化的综合艺术载体，可以挖掘和解读的东西很多，本书难免挂一漏万，错误和不当之处，还望识者予以指正。

曹林娣

辛丑桐月于苏州南林苑寓所

[1] 朱光潜：《把心磨成一面镜：朱光潜谈美与不完美》，北京：中国轻工业出版社，2017年版，第185页。

[2] 黄长美：《中国庭院与文人思想》序，台北：明文书局，1985年版，第3页。

世界遗产委员会评价苏州园林是在咫尺之内再造乾坤设计思想的典范，"其艺术、自然与哲理的完美结合，创造出了惊人的美和宁静的和谐"，而精雕细琢的建筑装饰图案正是创造"惊人的美"的重要组成部分。

中国建筑装饰复杂而精微，在世界上是无与伦比的。早在商周时期我国就有了砖瓦的烧制；春秋时建筑就有"山节藻棁"；秦有花砖和四象瓦当；汉画像砖石、瓦当图文并茂，还出现带龙首兽头的栏杆；魏晋建筑装饰兼容了佛教艺术内容；刚劲富丽的隋唐装饰更具夺人风采；宋代装饰与建筑有机结合；明清建筑装饰风格沉雄深远；清代中叶以后西洋建材应用日多，但装饰思想大多向传统皈依，纹饰趋向繁缛琐碎，但更细腻。

本系列涉及的苏州园林建筑装饰，既包括木装修的内外檐装饰，也包括从属于建筑的带有装饰性的园林细部处理及小型的点缀物等建筑小品，主要包括：精细雅丽的苏式木雕，有浮雕、镂空雕、立体圆雕、锼空雕刻、镂空贴花、浅雕等各种表现形式，饰以古拙、幽雅的山水、花卉、人物、书法等雕刻图案；以绮、妍、精、绝称誉于世的砖雕，有平面雕、浮雕、透空雕和立体形多层次雕等；石雕，分直线凿雕、花式平面线雕、阳雕、阴雕、浮雕、深雕、透雕等类；脊饰，诸如龙吻脊、鱼龙脊、哺龙脊、哺鸡脊、纹头脊、甘蔗脊等，以及垂脊上的祥禽、瑞兽、仙卉，绚丽多姿；被称为"凝固的舞蹈""凝固的诗句"的堆塑、雕塑等，展现三维空间形象艺术；变化多端、异彩纷呈的漏窗；"吟花席地，醉月铺毡"的铺地；各式洞门、景窗，可以产生"触景生奇，含情多致，轻纱环碧，弱柳窥青"艺术效果的门扇窗棂等。这些凝固在建筑上的辉煌，足可使苏州香山帮的智慧结晶彪炳史册。

园林的建筑装饰主要呈现出的是一种图案美，这种图案美是一种工艺美，是科技美的对象化。它首先对欣赏者产生视觉冲击力。梁思成先生说：

> 然而艺术之始，雕塑为先。盖在先民穴居野处之时，必先凿石为器，以谋生存；其后既有居室，乃作绘事，故雕塑之术，实始于石器时代，艺术之最古者也。[①]

1930 年，他在东北大学演讲时曾不无遗憾地说，我国的雕塑艺术，"著名学者如日本之大村西崖、常盘大定、关野贞，法国之伯希和（Paul Pelliot）、沙畹（Édouard Émmdnnuel Chavannes），瑞典之喜龙仁（Prof Osrald Sirén），俱有著述，供我南车。而国人之著述反无一足道者，能无有愧?"[②]

叶圣陶先生在《苏州园林》一文中也说：

苏州园林里的门和窗，图案设计和雕镂琢磨工夫都是工艺美术的上品。大致说来，那些门和窗尽量工细而决不庸俗，即使简朴而别具匠心。四扇，八扇，十二扇，综合起来看，谁都要赞叹这是高度的图案美。

苏州园林装饰图案，更是一种艺术符号，是一种特殊的民族语言，具有丰富的内涵和外延，催人遐思、耐人涵咏，诚如清人所言，一幅画，"与其令人爱，不如使人思"。苏州园林的建筑装饰图案题材涉及天地自然、祥禽瑞兽、花卉果木、人物、文字、古器物，以及大量的吉祥组合图案，既反映了民俗精华，又映射出士大夫文化的儒雅之气。"建筑装饰图案是自然崇拜、图腾崇拜、祖先崇拜、神话意识等和社会意识的混合物。建筑装饰的品类、图案、色彩等反映了大众心态和法权观念，也反映了民族的哲学、文学、宗教信仰、艺术审美观念、风土人情等，它既是我们可以感知的物化的知识力量构成的物态文化层，又属于精神创造领域的文化现象。中国古典园林建筑上的装饰图案，密度最高，文化容量最大，因此，园林建筑成为中华民族古老的记忆符号最集中的信息载体，在一定意义上可以说是中华民族的'心态化石'。"[③]苏州园林的建筑装饰图案不啻一部中华文化"博物志"。

① 梁思成：《中国雕塑史》，天津：百花文艺出版社，1998 年，第 1 页。

② 同上，第 1-2 页。

③ 曹林娣：《中国园林文化》，北京：中国建筑工业出版社，2005 年，第 203 页。

美国著名人类学家 L. A. 怀德说"全部人类行为由符号的使用所组成，或依赖于符号的使用"①，才使得文化（文明）有可能永存不朽。符号表现活动是人类智力活动的开端。从人类学、考古学的观点来看，象征思维是现代心灵的最大特征，而现代心灵是在距今五万年到四十万年之间的漫长过程中形成的。象征思维能力是比喻和模拟思考的基础，也是懂得运用符号，进而发展成语言的条件。"一个符号，可以是任意一种偶然生成的事物（一般都是以语言形态出现的事物），即一种可以通过某种不言而喻的或约定俗成的传统或通过某种语言的法则去标示某种与它不同的另外的事物。"②也就是雅各布森所说的通过可以直接感受到的"指符"（能指），可以推知和理解"被指"（所指）。苏州园林装饰图案的"指符"是容易被感知的，但博大精深的"被指"，却留在了古人的内心，需要我们去解读，去揭示。

一

苏州园林建筑的装饰符号，保留着人类最古老的文化记忆。原始人类"把它周围的实在感觉成神秘的实在：在这种实在中的一切不是受规律的支配，而是受神秘的联系和互渗律的支配"。③

早期的原始宗教文化符号，如出现在岩画、陶纹上的象征性符号，往往可以溯源于巫术礼仪，中国本信巫，巫术活动是远古时代重要的文化活动。动物的装饰雕刻，源于狩猎巫术的特殊实践。旧石器时代的雕刻美术中，表现动物的占到全部雕刻的五分之四。发现于内蒙古乌拉特中旗的"猎鹿"岩画，"是人类历史上最早的巫术与美术的联袂演出"④。世界上最古老的岩画是连云港星图岩画，画中有天圆地方观念的形象表示；"蟾蜍驮鬼"星象岩画是我国最早的道教"阴阳鱼"的原型和阴阳学在古代地域规划上的运用。

甘肃成县天井山麓鱼窍峡摩崖上刻有汉灵帝建宁四年（171年）的《五瑞图》，是我国现存最早的石刻吉祥图。

吴越地区陶塑纹饰多为方格宽带纹、弧线纹、绳纹和篮纹、波浪纹等，尤其是弧线纹和波浪纹，更可看出是对天（云）和地（水）崇拜的结果。而良渚文化中的双目锥形足和鱼鳍形足的陶鼎，不但是夹砂陶中的代表性器具，也是吴越地区渔猎习俗带来的对动物（鱼）崇拜的美术表现。⑤

海岱地区的大汶口—山东龙山文化，虽也有自己的彩绘风格和彩陶器，但这一带史前先民似乎更喜欢用陶器的造型来表达自己的审美情趣和崇拜习俗。呈现鸟羽尾状的带把器，罐、瓶、壶、

① ［美］L. A. 怀德：《文化科学》，曹锦清，等译，杭州：浙江人民出版社，1988 年，第 21 页。

② ［美］艾恩斯特·纳盖尔：《符号学和科学》，选自蒋孔阳主编《二十世纪西方美学名著选》（下），上海：复旦大学出版社，1988 年，第 52 页。

③ ［法］列维·布留尔：《原始思维》，北京：商务印书馆 1981年，第 238 页。

④ 左汉中：《中国民间美术造型》，长沙：湖南美术出版社，1992 年，第 70 页。

⑤ 姜彬：《吴越民间信仰民俗》，上海：上海文艺出版社，1992年，第 472–473 页。

盖之上鸟喙状的附纽或把手，栩栩如生的鸟形鬶和风靡一个时代的鹰头鼎足，都有助于说明史前海岱之民对鸟的崇拜。①

鸟纹经过一段时期的发展，变成大圆圈纹，形象模拟太阳，可称之为拟日纹。象征中国文化的太极阴阳图案，根据考古发现，它的原形并非鱼形，而是"太阳鸟"鸟纹的大圆圈纹演变而来的符号。

彩陶中的几何纹诸如各种曲线、直线、水纹、漩涡纹、锯齿纹等，都可看作是从动物、植物、自然物以及编织物中异化出来的纹样。如菱形对角斜形图案是鱼头的变化，黑白相间菱形十字纹、对向三角燕尾纹是鱼身的变化（序一图1）等。几何形纹还有颠倒的三角形组合、曲折纹、"个"字形纹、梯形锯齿形纹、圆点纹或点、线等极为单纯的几何形象。

"中国彩陶纹样是从写实动物形象逐渐演变为抽象符号的，是由再现（模拟）到表现（抽象化），由写实到符号，由内容到形式的积淀过程。"②

序一图1 双鱼形（仰韶文化）

符号最初的灵感来源于生活的启示，求生和繁衍是原始人类最基本的生活要求，于是，基于这类功利目的的自然崇拜的原始符号，诸如天地日月星辰、动物植物、生殖崇拜、语音崇拜等，虽然原始宗教观念早已淡漠，但依然栩栩如生地存在于园林装饰符号之中，就成为符号"所指"的内容范畴。

"这种崇拜的对象常系琐屑的无生物，信者以为其物有不可思议的灵力，可由以获得吉利或避去灾祸，因而加以虔敬。"③

《礼记·明堂位》称，山罍为夏后氏之尊，《礼记·正义》谓罍为云雷，画山云之形以为之。三代铜器最多见之"雷纹"始于此。④ 如卍字纹、祥云纹、冰雪纹、拟日纹，乃至压火的鸱吻、厌胜钱、方胜等，在苏州园林中触目皆是，都反映了人们安居保平安的心理。

古人创造某种符号，往往立足于"自我"来观照万物，用内心的理想视象审美观进行创造，它们只是一种审美的心象造型，并不在乎某种造型是否合乎逻辑或真实与准确，只要能反映出人们的理解和人们的希望即可，如四灵中的龙、凤、麟等。

龟鹤崇拜，就是万物有灵的原始宗教和神话意识、灵物崇拜

① 王震中：《应该怎样研究上古的神话与历史——评〈诸神的起源〉》，《历史研究》，1988年，第2期。

② 陈兆复，邢琏：《原始艺术史》，上海：上海人民出版社，1998年版，第191页。

③ 林惠祥：《文化人类学》，北京：商务印书馆，1991年版，第236页。

④ 梁思成：《中国雕塑史》，天津：百花文艺出版社，1998年版，第1页。

和社会意识的混合物。龟，古代为"四灵"之一，相传龟者，上隆象天，下平象地，它左睛象日，右睛象月，知存亡吉凶之忧。龟的神圣性由于在宋后遭异化，在苏州园林中出现不多，但龟的灵异、长寿等吉祥含义依然有着强烈的诱惑力，园林中还是有大量的等六边形组成的龟背纹铺地、龟锦纹花窗（序一图2）等建筑小品。鹤在中华文化意识领域中，有神话传说之美、吉利象征之美。它形迹不凡，"朝戏于芝田，夕饮乎瑶池"，常与神仙为侣，王子

序一图2　龟锦纹窗饰（留园）

乔曾乘白鹤驻缑氏山头（道家）。丁令威化鹤归来。鹤标格奇俊，唳声清亮，有"鹤千年，龟万年"之说。松鹤长寿图案成为园林建筑装饰的永恒主题之一。

人类对自身的崇拜比较晚，最突出的是对人类的生殖崇拜和语音崇拜。生殖崇拜是园林装饰图案的永恒母题。恩格斯说过："根据唯物主义的观点，历史中的决定因素，归根结底是直接生活的生产和再生产。但是，生产本身又有两种。一方面是生产资料即食物、衣服、住房以及为此所必需的工具的生产；另一方面是人类自身的生产，即种的繁衍。"①

普列哈诺夫也说过："氏族的全部力量，全部生活能力，决定于它的成员的数目"，闻一多也说："在原始人类的观念里，结婚是人生第一大事，而传种是结婚的唯一目的。"②

生殖崇拜最初表现为崇拜妇女，古史传说中女娲最初并非抟土造人，而是用自己的身躯"化生万物"，仰韶文化后期，男性生殖崇拜渐趋占据主导地位。苏州园林装饰图案中，源于爱情与生命繁衍主题的艺术符号丰富绚丽，象征生命礼赞的阴阳组合图案随处可见：象征阳性的图案有穿莲之鱼、采蜜之蜂、鸟、蝴蝶、狮子、猴子等，象征阴性的有蛙、兔子、荷莲（花）、梅花、牡丹、石榴、葫芦、瓜、绣球等，阴阳组合成的鱼穿莲、鸟站莲、蝶恋花、榴开百子、猴吃桃、松鼠吃葡萄（序一图3）、瓜瓞绵绵、狮子滚绣球、喜鹊登梅、龙凤呈祥、凤穿牡丹、丹凤朝阳等，都有一种创造生命的暗示。

语音本是人类与生俱来的本能，但原始先民却将语音神圣化，看成天赐之物，是神造之物，产生了语音拜物教。③ 于是，被视为上帝对人类训词的"九畴"和"五福"等都被看作是神圣的、万能的，可以赐福降魔。早在上古时代，就产生了属于咒语性质的歌谣，园林装饰图案大量运用谐音祈福的符号都烙有原始人类语音崇拜的胎记，寄寓的是人们对福（蝙蝠、佛手）、禄（鹿、鱼）

① ［德］恩格斯《家庭、私有制和国家的起源》第一版序言，见《马克思恩格斯选集》第4卷第2页。

② 《闻一多全集》第1卷《说鱼》。

③ 曹林娣：《静读园林·第四编·谐音祈福吉祥画》，北京：北京大学出版社，2006年，第255—260页。

序一图3　松鼠吃葡萄（耦园）

寿（兽）、金玉满堂（金桂、玉兰）、善（扇）及连（莲）生贵子等愿望。

植物的灵性不像动物那样显著，因此，植物神灵崇拜远不如动物神灵崇拜那样丰富而深入人心。但是，植物也是原始人类观察采集的主要对象及赖以生存的食物来源。植物也被万物有灵的光环笼罩着，仅《山海经》中就有圣木、建木、扶木、若木、朱

木、白木、服常木、灵寿木、甘华树、珠树、文玉树、不死树等二十余种，这些灵木仙卉，"珠玕之树皆丛生，华实皆有滋味，食之皆不老不死"。[①] 灵芝又名三秀，清陈淏子《花镜·灵芝》还认为，灵芝是"禀山川灵异而生"，"一年三花，食之令人长生"。松柏、万年青之类四季常青、寿命极长的树木也被称为"神木"。这类灵木仙卉就成为后世园林装饰植物类图案的主要题材。东山春在楼门楼平地浮雕的吉祥图案是灵芝（仙品，古传说食之可保长生不老，甚至入仙）、牡丹（富贵花，为繁荣昌盛、幸福和平的象征）、石榴（多子，古人以多子为多福）、蝙蝠（福气）、佛手（福气）、菊花（吉祥与长寿）等。

神话也是园林图案发生源之一，神话是文化的镜子，是发现人类深层意识活动的媒介，某一时代的新思潮，常常会给神话加上一件新外套。"经过神话，人类逐步迈向了人写的历史之中，神话是民族远古的梦和文化的根；而这个梦是在古代的现实环境中的真实上建立起来的，并不是那种'懒洋洋地睡在棕榈树下白日见鬼、白昼做梦'（胡适语）的虚幻和飘缈。"[②] 神话作为一种原始意象，"是同一类型的无数经验的心理残迹""每一个原始意象中都有着人类精神和人类命运的一块碎片，都有着在我们祖先的历史中重复了无数次的欢乐和悲哀的残余，并且总的来说，始终遵循着同样的路线。它就像心理中的一道深深开凿过的河床，生命之流（可以）在这条河床中突然涌成一条大江，而不是像先前那样在宽阔而清浅的溪流中向前漫淌"。[③] 作为一种民族集体无意识的产物，它通过文化积淀的形式传承下去，传承的过程中，有些神话被仙化或被互相嫁接，这是一种集体改编甚至再创造。今天我们在园林装饰图案中见到的大众喜闻乐见的故事，有不少属于此类。如麻姑献寿、八仙过海、八仙庆寿、天官赐福、三星高照、牛郎织女、天女散花、和合二仙（序一图4）、嫦娥奔月、刘海戏金蟾等，这些神话依然跃动着原初的魅力。所以，列维·斯特劳斯说："艺

① 《列子》第5《汤问》。

② 王孝廉：《中国的神话世界》，北京：作家出版社，1991年版，第6页。

③ ［瑞典］荣格：《心理学与文学》，冯川、苏克译，生活·读书·新知三联书店，1987年版。

序一图4　和合二仙（忠王府）

术存在于科学知识和神话思想或巫术思想的半途之中。"①

　　史前艺术既是艺术，又是宗教或巫术，同时又有一定的科学成分。春在楼门楼文字额下平台望柱上圆雕着"福、禄、寿"三吉星图像。项脊上塑有"独占鳌头""招财利市"的立体雕塑。上枋横幅圆雕为"八仙庆寿"。两条垂脊塑"天官赐福"一对，道教以"天、地、水"为"三官"，即世人崇奉的"三官大帝"，而上元天官大帝主赐福。两旁莲花垂柱上端刻有"和合二仙"，一人持荷花，一人捧圆盒，为和好谐美的象征。门楼两侧厢楼山墙上端左右两八角窗上方，分别塑圆形的"和合二仙"和"牛郎织女"，寓意夫妻百年好合，终年相望。神话故事中有不少是从日月星辰崇拜衍化而来，如三星、牛郎织女是星辰的人化，嫦娥是月的人化。

　　可以推论，自然崇拜和人们各种心理诉求诸如强烈的生命意识、延寿纳福意愿、镇妖避邪观念和伦理道德信仰等符号经纬线，编织起丰富绚丽的艺术符号网络——一个知觉的、寓意象征的和心象审美的造型系列。某种具有象征意义的符号一旦被公认，便成为民族的集体契约，"它便像遗传基因一样，一代一代传播下去。尽管后代人并不完全理解其中的意义，但人们只需要接受就可以了。这种传承可以说是无意识的无形传承，由此一点一滴就汇成了文化的长河。"②

①［法］列维·斯特劳斯：《野
　蛮人的思想》，伦敦 1976 年，
　第 22 页。

②王娟：《民俗学概论》，北京：
　北京大学出版社，2002 年版，
　第 214—215 页。

③（唐）姚思廉：《陈书》卷 25
　《裴忌传》引高祖语。

一

　　春秋吴王就凿池为苑，开舟游式苑囿之渐，但越王勾践一把火烧掉了姑苏台，只剩下旧苑荒台供后人凭吊，苏州的皇家园林随着姑苏台一起化为了历史，苏州渐渐远离了政治中心。然"三吴奥壤，旧称饶沃，虽凶荒之余，犹为殷盛"，③随着汉末自给

序一图5 敬字亭（台湾林本源园林）

自足的庄园经济的发展，既有文化又有经济地位的士族崛起，晋代永嘉以后，衣冠避难，多萃江左，文艺儒术，彬彬为盛。吴地人民完成了从尚武到尚文的转型，崇文重教成为吴地的普遍风尚，"家家礼乐，人人诗书"，"垂髫之儿皆知翰墨"，[1]苏州取得了江南文化中心的地位。充溢着氤氲书卷气的私家园林，一枝独秀，绽放在吴门烟水间。

中国自古有崇文心理，有意模仿苏州留园而筑的台湾林本源园林，榕荫大池边至今依然屹立着引人注目的"敬字亭"（序一图5）。

形、声、义三美兼具的汉字，本是由图像衍化而来的表意符号，具有很强的绘画装饰性。东汉大书法家蔡邕说："凡欲结构字体，皆须像其一物，若鸟之形，若虫食禾，若山若树，纵横有托，运用合度，方可谓书。"在原始人心目中，甲骨上的象形文字有着神秘的力量。后来《河图》《洛书》《易经》八卦和《洪范》九畴等出现，对文字的崇拜起了推波助澜的作用。所以古人也极其重视文字的神圣性和装饰性。甲骨文、商周鼎彝款识，"布白巧妙奇绝，令人玩味不尽，愈深入地去领略，愈觉幽深无际，把握不住，绝不是几何学、数学的理智所能规划出来的"[2]。早在东周以后就养成了以文字为艺术品之习尚。战国出现了文字瓦当，秦汉更为突出，秦飞鸿延年瓦当就是长乐宫鸿台瓦当（序一图6）。西汉文字纹瓦当渐增，目前所见最多，文字以小篆为主，兼及隶书，有少数鸟虫书体。小篆中还包括屈曲多姿的缪篆。有吉祥语，如"千秋万岁""与天无极""延年"；有纪念性的，如"汉并天下"；有专用性的，如"鼎胡延寿宫""都司空瓦"。瓦当文字除表意外，又构成东方独具的汉字装饰美，可与书法、金石、碑拓相比肩。尤其是

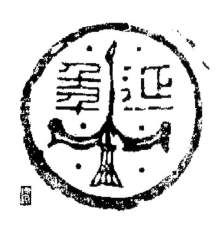

序一图6 秦飞鸿延年瓦当

① （宋）朱长文：《吴郡图经续记·风俗》，南京：江苏古籍出版社，1986年版，第11页。

② 宗白华：《中国书法里的美学思想》，见《天光云影》，北京：北京大学出版社，2006年版，第241—242页。

线条的刚柔、方圆、曲直和疏密、倚正的组合，以及留白的变化等，都体现出一种古朴的艺术美。①

园林建筑的瓦当、门楼雕刻、铺地上都离不开汉字装饰。如大量的"寿"字瓦当、滴水、铺地、花窗，还有囍字纹花窗、各体书条石、摩崖、砖额等。

中国是诗的国家，诗文、小说、戏剧灿烂辉煌，苏州园林中的雕刻往往与文学直接融为一体，园林梁柱、门窗裙板上大量雕刻着山水诗、山水图，以及小说戏文故事。

诗句往往是整幅雕刻画面思想的精警之笔，画龙点睛，犹如"诗眼"。苏州网师园大厅前有乾隆时期的砖刻门楼，号"江南第一门楼"，中间刻有"藻耀高翔"四字。出自《文心雕龙》，藻，水草之总称，象征美丽的文采，文采飞扬，标志着国家的祥瑞。东山"春在楼"是"香山帮"建筑雕刻的代表作，门楼前曲尺形照墙上嵌有"鸿禧"砖刻，"鸿"通"洪"，即大，"鸿禧"犹言洪福，出自《宋史·乐志十四》卷一三九："鸿禧累福，骈赉翕臻。"诸事如愿完美，好事接踵而至，福气多多。门楼朝外一面砖雕"天锡纯嘏"，取《诗经·鲁颂·闷宫》："天锡公纯嘏，眉寿保鲁"，为颂祷鲁僖公之词，意谓天赐僖公大福，"纯嘏"犹大福。《诗经·小雅·宾之初筵》有"锡尔纯嘏，子孙其湛"之句，意即天赐你大福，延及子孙。门楼朝外的一面砖额为"聿修厥德"，取《诗经·大雅·文王》："无念尔祖，聿修厥德。永言配命，自求多福。"言不可不修德以永配天命，自求多福。退思园九曲回廊上的"清风明月不须一钱买"的九孔花窗组合成的诗窗，直接将景物诗化，更是脍炙人口。

苏州园林雕饰所用的戏文人物，常常以传统的著名剧本为蓝本，经匠师们的提炼、加工刻画而成。取材于《三国演义》《西游记》《红楼梦》《西厢记》《说岳全传》等最常见。如春在楼前楼包头梁三个平面的黄杨木雕，刻有"桃园结义""三顾茅庐""赤壁之战""定军山""走麦城""三国归晋"等三十四出《三国演义》戏文（序一图7），恰似连环图书。同里耕乐堂裙板上刻有《红楼梦》金陵十二钗等，拙政园秫香馆裙板上刻有《西厢记》戏文等。这些传统戏文雕刻图案，补充或扩充了建筑物的艺术意境，渲染了一种文学艺术氛围，雕饰的戏文人物故事会使人产生戏曲艺术的联想，使园林建筑陶融在文学中。

雕刻装饰图案，不仅能够营造浓厚的文学氛围，加强景境主题，并且能激发游人的想象力，获得景外之景、象外之象。如耦园"山水间"落地罩为大型雕刻，刻有"岁寒三友"图案，松、竹、梅交错成文，寓意坚贞的友谊，在此与高山流水知音的主题意境相融合，分外谐美。

铺地使阶庭脱尘俗之气，拙政园"玉壶冰"前庭院铺地用的是冰雪纹，给人以晶莹高洁之感，打造冷艳幽香的境界，并与馆内冰裂格扇花纹以及题额丝丝入扣；网师园"潭西渔隐"庭院铺

① 郭谦夫，丁涛，诸葛铠：《中国纹样辞典》，天津：天津教育出版社，1998年，第293、294页。

序一图7　赵子龙单骑救主（春在楼）

序一图8　海棠铺地（拙政园）

地为渔网纹，与"网师"相恰。海棠春坞的满庭海棠花纹铺地（序一图8），令人如处海棠花丛之中，即使在凛冽的寒冬，也会唤起海棠花开烂漫的春意。在莲花铺地的庭院中，踩着一朵朵莲花，似乎有步步生莲的圣洁之感；满院的芝花，也足可涤俗洗心。

中国是文化大一统之民族，"如言艺术、绘画、音乐，亦莫不有其一共同最高之境界。而此境界，即是一人生境界。艺术人生化，亦即人生艺术化"①。苏州园林集中了士大夫的文化艺术体系，

① 钱穆：《宋代理学三书随
劄·附录》，生活·读书·新
知三联书店，2002年版，第
125页。

文人本着孔子"游于艺"的教诲，由此滥觞，琴、棋、书、画，无不作为一种教育手段而为文人们所必修，在"游于艺"的同时去完成净化心灵的功业，这样，诗、书、画美学精神相融通，非兼能不足以称"文人"，儒、道两家都着力于人的精神提升，一切技艺都可以借以为修习，兼能多艺成为文人传统者在世界上独一无二。"书画琴棋诗酒花"，成为文人园林装饰的风雅题材。如狮子林"四艺"琴棋书画纹花窗（序一图9）及裙板上随处可见的博古清物木雕等。

崇文心理直接导致了对文化名人风雅韵事的追慕，士大夫文人尚人品、尚文品，标榜清雅、清高，于是，张季鹰的"功名未必胜鲈鱼"、谢安的东山丝竹风流、王羲之爱鹅、王子猷爱竹、竹林七贤、陶渊明爱菊、周敦颐爱莲、林和靖梅妻鹤子、苏轼种竹、倪云林好洁洗桐等，自然成为园林装饰图案的重要内容。留园"活泼泼地"的裙板上就有这些内容的木刻图案，十分典雅风流。

中国文化主体儒道禅，儒家以人合天，道家以天合人，禅宗则兼容了儒道。儒家"以人合天"，以"礼"来规范人们回归"天道"，符合天道。儒家文化的三纲六纪，是抽象理想的最高境界，已经成为传统文人的一种心理习惯和思维定势。儒家尚古尊先的社会文化观为士大夫所认同，"景行维贤"，以三纲为宇宙和社会的根本，"三纲五常"、明君贤臣、治国平天下成为士大夫最高的道德理想。于是，尧舜禅让、周文王访贤、姜子牙磻溪垂钓、薛仁贵衣锦回乡，特别是唐代那位"权倾天下而朝不忌，功盖一世而上不疑，侈穷人欲而议者不之贬"①的郭子仪，其拜寿戏文

① （宋）宋祁，欧阳修，范镇，吕夏卿，等：《新唐书》卷150唐史臣裴垍评语。

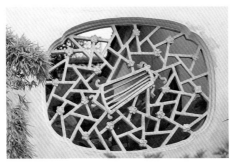

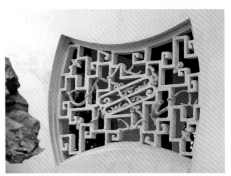

序一图9　琴棋书画（狮子林）

象征着大贤大德、大富贵，亦寿考和后嗣兴旺发达，故成为人臣艳羡不已的对象。清代俞樾在《春在堂随笔》卷七中说："人有喜庆事，以梨园侑觞，往往以'笏圆'终之，盖演郭汾阳生日上寿事也。"

中国古代是以血缘关系为纽带的宗法社会。早在甲骨文中，就有"孝"字，故有人称中国哲学为伦理哲学，中国文化为伦理文化。儒学把某些基本理由、理论建立在日常生活，即与家庭成员的情感心理的根基上，首先强调的是"家庭"中子女对于父母的感情的自觉培育，以此作为"人性"的本根、秩序的来源和社会的基础；把家庭价值置放在人性情感的层次，来作为教育的根本内容。春在楼"凤凰厅"大门檐口六扇长窗的中夹堂板、裙板及十二扇半的裙板上，精心雕刻有"二十四孝"故事（序一图10），表现出浓厚的儒家伦理色彩。

三

符号具有多义性和易变性，任何的装饰符号都在吐故纳新，它犹如一条汨汨流淌着的历史长河，"具有由过去出发，穿过现在并指向未来的变动性，随着社会历史的演变，传统的内涵也在不断地丰富和变化，它的原生文明因素由于吸收

了其他文化的次生文明因素，永无止境地产生着新的组合、渗透和裂变。"①

诚然，由于时间的磨洗以及其他原因，装饰符号的象征意义、功利目的渐渐淡化。加上传承又多工匠世家的父子、师徒"秘传"，虽有图纸留存，但大多还是停留在知其然而不知其所以然的阶段，致使某些显著的装饰纹样，虽然也为"有意味的形式"，但原始记忆模糊甚至丧失，成为无指称意义的文化符码，一种康德所说的"纯粹美"的装饰性外壳了。

尽管如此，苏州园林的装饰图案依然具有现实价值：

没有任何的艺术会含有传达罪恶的意念②，园林装饰图案是历史的物化、物化的历史，是一本生动形象的真善美文化教材。"艺术同哲学、科学、宗教一样，也启示着宇宙人生最深的真实，但却是借助于幻想的象征力以诉之于人类的直观的心灵与情绪意境。而'美'是它的附带的'赠品'。"③装饰图案蕴含着的内美是历史的积淀或历史美感的叠加，具有永恒的魅力，因为这种美，不仅是诉之于人感官的美，更重要的是诉之于人精神的美感，包括历史的、道德的、情感的，这些美的符号又是那么丰富深厚而隽永，细细咀嚼玩味，心灵好似沉浸于美的甘露之中，并获得净化了的美的陶冶。且由于这种美寓于日常的起居歌吟之中，使我们在举目仰首之间、周规折矩之中，都无不受其熏陶。这种潜移默化的感染功能较之带有强制性的教育更有效。

装饰图案是表象思维的产物，大多可以凭借直觉通过感受接受文化，一般人对形象的感受能力大大超过了抽象思维能力，图案正是对文化的一种"视觉传承"④，图案将中华民族道德信仰等抽象变成可视具象，视觉是感觉加光速的作用，光速是目前最快的速度，所以视觉传承能在最短的时间中，立刻使古老文化的意涵、思维、形象、感知得到和谐的统一，其作用是不容忽视的。

苏州园林装饰图案是中华民族千年积累的文化宝库，是士大夫文化和民俗文化相互渗化的完美体现，也是创造新文化的源头活水。

游览苏州园林，请留意一下触目皆是的装饰图案，你可以认识一下吴人是怎样借助谐音和相应的形象，将虚无杳渺的幻想、祝愿、憧憬，化成了具有确切寄寓和名目的图案的，而这些韵致隽永、雅趣天成的饰物，将会给你带来真善美的精神愉悦和无尽诗意。

本系列所涉图案单一纹样极少，往往为多种纹样交叠，如柿蒂纹中心多海棠花纹，灯笼纹边缘又呈橄榄纹等，如意头纹、如意云纹作为幅面主纹的点缀应用尤广。鉴于此，本系列图片标示一般随标题主纹而定，主纹外的组图纹样则出现在行文解释中。

① 叶朗：《审美文化的当代课题》，《美学》1988年第12期。

② 吴振声：《中国建筑装饰艺术》，台北文史出版社，1980年版，第5页。

③ 宗白华：《略谈艺术的"价值结构"》，见《天光云影》，北京：北京大学出版社，2006年版，第76-77页。

④ 王愔：《中华美术民俗》，北京：中国人民大学出版社，1996年版，第31页。

曹林娣修改于辛丑桐月

中国园林为中华文化一绝，江南园林甲天下，苏州园林甲江南，苏州九座园林相继被列入世界文化遗产名录，世界遗产委员会评其为中国风景园林设计的杰作，在世界上是无与伦比的。

苏州园林无疑为中华文化经典，流淌着中华民族的血液：积淀着中华民族最深沉的精神追求，包含着中华民族最根本的精神基因，代表着中华民族独特的精神标识，具有中华文化独特魅力。

诗文兴情以造园，这使中华园林在世界三大园林体系中独树一帜。园林中的"诗性品题"正是园林显性的文学样式，也是中华文化名片。

明代吴从先《小窗自纪》中引用宋代罗大经《鹤林玉露》说："绘雪者不能绘其清，绘月者不能绘其明，绘花者不能绘其馨，绘泉者不能绘其声，绘人者不能绘其情。"吴从先认为："夫丹青图画，原依形似；而文字模拟，足传神情。即情之最隐最微，一经笔舌，描写殆尽。"雪清、月明、花馨、泉声、人情等，固然很难用绘画的方法表现出来，所以中国画要用文字题识的方式，也即吴从先所说的通过笔头或者舌尖，就足以将心中最隐藏和最微妙的情感淋漓尽致、毫发无遗地表现出来。在苏州园林中，诗性品题就是"笔舌"。

在苏州园林史上，苏州园林的设计者，即明代计成《园冶》所讲的"能主之人"，包括园主和为之立意构园的文人画家，多"三绝诗书画"才艺的文人，他们在构园时，善于"取前人名句意境绝佳者，将此意境缔构于吾想望中"①。这些"前人名句"，也即"笔舌"，采撷自古代经史艺文，在园林中作为诗性品题的语言符码，意在借助其原型意象来触发、感悟意境，构园艺术家就这样以诗心去营构着纯净优美的诗境。

园林诗性品题中最重要的莫过于匾额（包括摩崖石刻），匾额往往成为构园的灵魂，犹如园林"诗眼"。宋初的保暹提出"诗有眼"，自此，"诗眼"渐成中国诗学的一个重要概念。眼乃心灵之窗，袁枚《诗学全书》所谓"一身灵动，在于两眸，一句精彩，生于一字"，自然是诗中最精警、最能开拓意旨、最能传达要旨妙道、最富情韵的字词，有之，则如灵丹一粒，点铁成金，熠熠生辉。

陈从周在《说园》中谈到，有时一景"相看好处无一言"，必借之以题辞，辞出而景生。"凡诗文书画，以精神为主，精神者，气之华也。"②"精神"者，诗文之"灵魂"也，"所谓'灵魂'是指心灵中起灌注生气作用的那种原则"③，使园林山水、植物和建筑等升华为有生命的诗性化活物。曹雪芹之所以说"偌大景致，若干亭榭，无字标题，任是花柳山水，也断不能生色"，因为"标题"是"心灵所灌注给它的生气"。

景和意相融生发意境，意境是审美主体的审美感受与审美客体的审美特性相互交融的产物，它是由艺术形象引发所产生而存在于审美想象中的艺术空间。匾额向来以意境胜而不是以难字冷僻字胜，它"能平字见奇，常字见险，陈字见新，朴字见色……"④。如王国维《人间词话》所说的"着一字而意境全出，关键是创作者需独具慧眼，能从珠玑里拈出摩尼"。

匾额是园林中最重要的文化载体，是营造"诗境文心"的核心，是"作者"即构园者通过山水、花木、建筑等构园素材表现出来的主要思想。

匾额既是构园创作中的"意"，陶钧文思，"意在笔先"，应该充分酝酿于构园之初，否则，会事倍功半。陈从周曾不无遗憾地说："近来有许多人错误地理解园林的诗情画意，认为这并不是设计者的构思，而是建造完毕后加上一些古人的题辞、书画，就有诗情画意了，那真是贻笑大方了。"⑤

苏州园林的园名题咏，往往能统摄全园精神，如苏州耦园，园主沈秉成夫妇均为书画家，而且，"静好缘从翰墨来"，夫妇志同道合，伉俪情深，沈秉成精于道学，熟谙园事，又请画家顾沄一起，精心设计，将"握月担风好耦耕"的思想融入园的结构布局之中，以一"耦"字名之。耦者，佳耦偕隐耦耕也。耦耕，是上古原始的耕作样式或经济形式。园的布局，住宅居中，东西双

① （清）况周颐：《蕙风词话》，人民文学出版社 1984 年版，第 9 页。

② （清）方东树：《昭昧詹言》，卷 1 第 91 条。

③ （德）康德：《判断力批判》，转引自伍蠡甫，蒋孔阳《西方文论选》上卷，上海译文出版社 1979 年版，第 563 页。

④ （清）沈德潜：《说诗晬语》，人民文学出版社 2013 年版，第 241 页。

⑤ 陈从周：《贫女巧梳头》，见《中国园林》，广东旅游出版社 1996 年版，第 229 页。

园傍宅，整体格局寓"偶"；震卦位于东方，象征春天、长男；兑卦位于西方，象征秋天、少女。阳大阴小、左阳右阴，东园为主，面积大，位左；西园为辅，位右。

苏州北"半园"，厅堂名"知足轩"，楼署"且住为佳"，书斋名"至乐"，取"至乐莫如读书"意，建筑多取"半"意：书楼二层半、旱船"半波舫"、亭乃半亭、东西均为半廊、桥称半桥、池呈半池，榭名"双荫"，取"树阴复水，水影映碧"，两者各居其半之意，亦含"半"……将知足不求全的主题阐发得淋漓酣畅。

园中景题，规定了局部风景意境，与园名内在精神一致。园林的意象群就是建筑、山水、花木及声色影香，有虚有实。

如花木品题，往往反映出对自然的一种诗化感受。花木之虚景为"香"，香是园林美的重要元素，营造的是一种氤氲气氛，无形无色，但弥布广大空间，具有扩散性、穿透性。能欣赏香者，则说明其情感心态空前细腻，与之俱生的则是对于世界万物的高度敏感，唯此，方能作出常人所忽略的审美发现。原始宗教时期，人们就将香用于祭祀，认为香充满灵气，可以通天神。佛家将焚香与修炼心性联系起来，在佛事中列为首品，认为"香是自己的心性"。文人视香为人格之美，如梅香，"零落成泥碾作尘，只有香如故"，在文人四艺（焚香、插花、挂画、品茗）中位列第一。苏州园林中有"暗香疏影"楼、"藕香榭""闻木樨香轩""双香仙馆""香草居"等。如沧浪亭"闻妙香室"，取意于唐代诗人杜甫《大云寺赞公房四首》之三："灯影照无睡，心清闻妙香。"孙联奎《诗品臆说》曰："静则心清，心清闻妙香""素处以默，妙已裕矣。以心之妙，触理之妙；以心之妙，触景之妙；此时之妙，乃妙不可言。"

同一建筑物上如有多个题额，不仅内容切情切景，还能相互映发，或启迪联想。如狮子林花篮厅，原为荷花厅，面荷花池，结构别致，当中的步柱不落地，代以垂莲柱，柱端垂有黄杨木雕刻成的四只花篮，并分别为梅、兰、竹、菊。厅堂匾额"水殿风来"。用的是"水殿风来珠翠香"（唐代王昌龄《西宫秋怨》）、"水殿风来暗香满"（宋代苏轼《洞仙歌》）诗意。旧有砖额"襟袭冽芬"，襟怀盈溢芳香，都与荷香有关。厅南一池，夏日荷花凌波，清香飘溢，楼台亭阁，峰石叠嶂，倒映入池，随波摇曳，美不胜收。另原还有砖额"缘溪"和"开径"①，将意境扩展为无尘俗的隐逸之境。前者取意晋代陶渊明《桃花源记》："缘溪行，忘路之远近。忽逢桃花林，夹岸数百步，中无杂树，芳草鲜美，落英缤纷。"到处是桃林、芳草和鲜花，一个令人陶醉的世外桃源正在等待着游人的光临。后者源自《三辅决录》：汉时蒋诩隐居后，曾在他的庭院的竹子下，开小径三条，只与求仲、羊仲两人来往。求、羊两位是逃名不出的隐逸高人。谢灵运有"惟开蒋生径，永怀求羊踪"的诗句。寓意为过从最密的朋

① 已佚。

友还是隐士，不与世俗之人交往。

"眼睛是心灵的窗户"，透过"诗眼"这扇窗户，读者可以看出构园者心灵的奥妙。

如观鱼台、濠濮亭的题咏，意境源自《庄子·秋水》篇中"濠梁观鱼"庄惠问答和濮水钓鱼，可以窥见园主对庄子远避尘嚣、追求身心自由、悠然自怡的人生理想的渴慕。

明代王心一归田园居峰石摩崖"小桃源"，反映出对陶渊明集"美""善"于一体的桃花源的向往，他自己在《归田园居记》中说："峰之下有洞，曰'小桃源'……余性不耐烦，家居不免人事应酬，如苦秦法，步游入洞，如渔郎入桃花源，见桑麻鸡犬，别成世界。"

崇文思想在苏州园林"诗眼"中表现得淋漓尽致，除陶渊明外，还有诸如谢安风流（东山丝竹）、米芾拜石（拜石轩）、周敦颐赏荷（远香堂）等。

有时一字之别，意境迥异。如"见山楼"（拙政园）和"看山楼"（沧浪亭），前者取陶渊明的"悠然见南山"，透露出洒然自适的闲逸诗意：尘喧不染，闲来无事，心境一片悠然，浑然忘我地眺望着远山，趣闲而思远。后者却取"日里看山""看山是山"的禅宗公案，讲的是悟道的三种境界。

匾额品题是园林美的"导读"，游者根据这导读的指引，或听天籁——"玉延亭""留听阁""一亭秋月啸松风"；或观物影——"柳阴路曲""塔影亭""倒影楼"；或驰遐思——"流玉""飞虹""陆舟水屋"……

楹联是随着骈文和律诗成熟起来的一种独立的文学形式，讲究骈俪对仗，音调铿锵，节奏优美，熔散文气势与韵文的节奏于一炉，浅貌深衷，蓄意深远。

园林楹联应该根据匾额的意境再度生发，切景、切情方称妙构。佳联放置的位置不得当，也会出现头戴瓜皮帽身穿西装的难堪。

古人有"编新不如述旧，刻古终胜雕今"之谚，早在明代，人们就习惯"随意取唐联佳者"[①] 刻在门上，也是为了借重古代诗文的原型意象，使寥寥数字蕴含无穷意趣。

鉴于此，苏州园林品题中的对联，以集联为大宗。集联也是一种创作，要字数相等、上下平仄相对、内容切景，实非易事。

有集诗联："江山如有待；花柳更无私"，集自唐代杜甫《后游》诗；"风篁类长笛，流水当鸣琴"，出自唐代上官昭容（上官婉儿）《游长宁公主流杯池二十五首》诗；也有集自不同作者的两首诗中，如"清风明月本无价，近水远山皆有情"，上联出自宋代欧阳修的《沧浪亭》长诗，下联出自宋代苏舜钦的《过苏州》诗。"名香播兰蕙；妙墨挥岩泉"，出句为唐代岑参《和刑部成员外秋夜寓直寄台省知己》，对句出自唐代张九龄《题画山水障》。

有集词联，一副对联往往集自多首词作，故比集诗联更具难

① （明）文震亨：《长物志》卷1.

度。苏州怡园主人集金元明词成《眉绿楼词联》，专用以园中各景点。如"高会惜分阴，为我攀梅，细写茶经煮香雪；长歌自深酌，请君置酒，醉扶怪石看飞泉"，出句集自宋代辛弃疾《水调歌头·四座且勿语》《沁园春·仁立潇湘》和《六幺令》三词；对句集自宋代辛弃疾《兰陵王·一丘壑》《念奴娇·是谁调护》和《鹊桥仙·松冈避暑》三词。"新月与愁烟，先入梧桐，倒挂绿毛么风；空谷饮甘露，分傍茶灶，微煎石鼎团龙"，分别集自宋代苏轼《昭君怨·谁作桓伊三弄》《行香子·昨夜霜风》和《西江月·王骨哪愁瘴雾》及宋代张炎《祝英台近·带飘飘》和《木兰花慢·龟峰深处隐》词。皆能切合该地风景特点，抒写自如，一如己出。

有集各类碑帖联。如"秦刻岩石以视后代；汉启宅壁而求古文"，从《纪太山铭集字联》中集出；"家无长物琴书自乐；天生高人风雅之宗"，集汉代鲁峻碑字联；"林气映天，竹阴在地；日长若岁，水静于人"，乃《兰亭集序》集字联。

苏州园林对联也有园主自撰或遵嘱代撰者，还有径取名家撰写者。

古人或时人撰写的名联，悬挂位置得当，也很美妙，如有"书联圣手"之称的何绍基撰书的"山势盘陀真是画；泉流宛委遂成书"，对联悬挂在网师园小山丛桂轩北墙正中一扇正方形大窗的两侧。切景切情，移它处不得。

苏州园林对联的内容异彩纷呈，意象纵横，或描摹形神、挥洒淋漓，或景融哲理、余香袅袅，或感事抒怀、述志道情，或记事励德、启迪心性，或述古道今、情思悠悠。所谓"清吟追陶谢，逸韵慕嵇阮"，士大夫文人从自然、社会中感悟到的人生真谛、宇宙隐语以及内心情思，借助这些高言妙句而物态化，从而感性地呈现在我们面前。

苏州园林的诗性品题，往往蕴含着数千年的历史积淀，有不少已经衍变为中华文化符号，如"沧浪""网师""三径"等，生活在中华文化语境中的人们固然能心领神会，当然对生活在异域文化语境的人们必然产生文化隔膜。

书法艺术是园林空间组景不可或缺的艺术元素。中华汉字具有神圣性、诗意性、体悟性与审美性，既是一座蕴含丰富的文化信息库，又因汉字是形、音、意联系非常密切的集合体，"字形藏理、字音通意、同形同宗、同音意通"（著名汉字研究专家萧启宏语），所以，在中华园林中，汉字直接以美的艺术线条呈示于人，并通过与汉字谐音的具象即意象，表达出独特的情感。

书法艺术将笔画都看作有生命的个体，"深识书者，惟观神采，不见字形"（唐代张怀瓘《文字论》），作为艺术，书法早已挣脱了线条符号的束缚而成为情感的载体，中国各类书体都具有自己独特的审美体系，书法的审美个性若能与园林艺术意境融于一体，或浑厚肃穆、沉着稳健，或轻灵缥缈、闲雅舒展，就能感受到鲁迅所说的"意美以感心"，"意美"就是"神采""意境"之美。汉字书法作品是中华乃至世界艺术瑰宝，书艺与园艺互相依存、互渗互融，园景必借之以题辞，辞出而景生，彼此如胶似漆，不分轩轾，在世界三大园林体系中独呈异彩！

苏州园林中名家翰墨以碑刻、书条石、砖额、摩崖石刻和品题墨迹等形式存在，异彩纷呈，雅化了建筑空间，也是历史、人文精神和书法美的迹化。园中匾额、对联、摩崖等是展示书艺的最重要载体。

苏州园林品题的书写者，均为历代名家，篆、隶、真、行、草，书体皆备：颜真卿"颜体"的神姿，李阳冰篆书的风采，文徵明楷书的深严，董其昌草书的潇洒，何绍基行楷的金石味，陈鸿寿行草的汉隶笔意，郑板桥斜趣横生的"六分半书"，乃至沈尹默古朴婉妙的楷书、林散之的"草圣遗法"、费新我融古铸今的左腕书法、吴进贤苍劲稳健的汉隶……琳琅满目，令人叹为观止。

苏州园林品题，由于历史原因，部分已经亡佚，本书收集的品题仅仅为现存的品题，照片亦均为园中实物。以建园的年代先后序次，每个按景区划分序次。析解重在诠释词义，追本溯源，旨在提示和启迪艺术欣赏情趣。并尽可能地介绍撰书名家的简历和书法特色，以便读者直接欣赏书艺本身。有别于《苏州园林匾额楹联鉴赏》的融考校、辞章、义理为一体的详解匾联。为便于今人阅读，匾联及解释均用简化字。

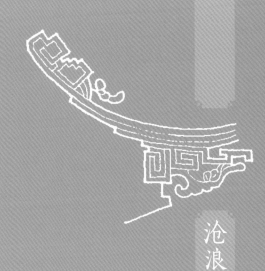

沧浪亭（北宋）

沧浪亭为北宋庆历五年（1045年）诗人苏舜钦（字子美）所筑（图1-1）。后屡易其主，今园之格局基本为清康熙三十四年（1695年）宋荦抚吴时重修，沧浪亭址从水边易至山巅，园林主题从沧浪濯缨变为对濯缨人的高山仰止，成为在任官吏的教育基地。"园在性质上与他园有别，即长时期以来，略似公共性园林，'官绅'谯宴，文人'雅集'，胥皆于此，宜乎其设计处理，别具一格。"①

千古沧浪水一涯

一、园门

砖刻门额（图1-1）：

沧浪亭

"沧浪"，取《楚辞·渔父》"沧浪之水清兮，可以濯吾缨；沧浪之水浊兮，可以濯吾足"之意。

门额用文徵明小楷。文徵明（1470—1559年），原名壁（或作璧），字徵明，以字行，更字徵仲，因先世衡山人，故号"衡山居士"，长洲（今江苏苏州）人，明代杰出画家、书法家、文学

① 陈从周：《园林谈丛》，《陈从周全集》，浙江大学出版社2015年版，第9页。

图 1-1　砖刻门额（沧浪亭）

家，世称"文衡山"。曾贡至京师，授职翰林院待诏，旋即乞归。其诗文、词曲、书画、篆刻皆能，尤以书画著名于世。初师李应祯，后广泛学习前代名迹，篆、隶、楷、行、草各有造诣，兼善诸体，尤擅长行书和小楷，温润秀劲，稳重老成，法度谨严，意态生动。虽无雄浑的气势，却具晋唐书法的风致，也有自己的一定风貌。小楷笔画婉转，节奏缓和，与他的绘画风格谐和，为明代书法中兴的代表人物和一代宗师，有"明朝第一"之称。

二、面水轩

外廊行书匾额（图 1-2）：

面水轩

图 1-2　外廊行书匾额（面水轩）

面临水流的轩昂、高爽之屋（图 1-3）。取意唐代杜甫《怀锦水居止》诗："层轩皆面水，老树饱经霜。"

张辛稼补书于 1983 年。张辛稼（1909—1991 年），名枢，字辛稼，以字行，早年亦署星阶，晚号霜屋老人。江苏苏州人。生前为中国美术家协会会员、中国

图 1-3　高轩面曲水

书法家协会会员、吴门画派研究会顾问、苏
州国画院首任院长。早年师事虞山名画家陈
摩，初学山水，后改习花鸟，声闻吴中。及
长，遍临历代名家佳作。于青藤、白阳、八
大、虚谷、伯年、昌硕研究尤深。所作花鸟
画，用笔苍劲，设色明丽，意境清新，风格
独特。

外廊楹联之一（图 1-4）：

徒倚水云乡，拜长史新祠，犹为羁臣留胜迹；
品评风月价，吟庐陵旧什，恍闻孺子发清歌。

　　留恋徘徊在水云弥漫隐士居游的胜地，
拜谒苏长史新祠堂，还是当年他谪居为民时
留下的胜迹；品评沧浪亭无价的自然风光，
不禁要吟诵庐陵欧阳修的《沧浪亭》旧诗篇，
恍惚听到孺子的浩歌："沧浪之水清兮，可以
濯吾缨……"

　　原为苏州状元洪钧（1839—1893 年）撰
书，今为邓云乡补书。楷书。邓云乡（1924—

徒倚水云乡拜长史新祠猶為
羁臣留胜跡
　吴门沧浪亭舊聯原甲申四月
　洪鈞撰並書毁失已久

品評風月價吟廬陵舊什恍
聞
孺子發清謌
　丙寅五月由湘雲左軒版下
　京華鄧雲鄉補書

图 1-4　外廊楹联之一

1999年），学名邓云骧，山西省灵丘东河南镇人。1947年毕业于北京大学中文系，红学专家、散文家。

外廊楹联之二（图1-5）：

短艇得鱼撑月去；
小轩临水为花开。

短艇满载鱼儿，撑散满河月光远去了；小屋紧靠清澈的泛着涟漪的河水，为的是欣赏幽芳多情的盛开的梅花。对句取自宋代苏东坡《再和杨公济梅花十绝》诗之三。

沙曼翁补书。篆书。沙曼翁（1916—2011年），祖上是满洲爱新觉罗皇族。书法自成个性，用笔讲究笔意墨趣，用墨润燥结合、浓淡适度，富有层次变化。

轩内篆书匾额（图1-6）：

陆舟水屋

陆上之船，水中之屋，有"张融舟"为官廉洁的文化意蕴。

王个簃补书。王个簃（1897—1988年），为书画艺术大师吴昌硕的入室弟子，善真、行草、篆各体书法，尤擅石鼓文暨琅琊石刻笔法，有诗、书、画、印四绝之称。

图1-5 外廊楹联之二

图1-6 轩内篆书匾额（陆舟水屋）

三、观鱼处

 省略

观鱼处一名"濠上观",俗称"钓鱼台",现为三面临水的方亭(图1-7)。意为自由自在地观赏垂钓游鱼的地方,取意于《庄子·秋水》庄、惠濠梁问答和庄子濮水钓鱼的故事。

匾额(图1-8):

静吟

静中闲吟。取苏舜钦《沧浪静吟》诗"静中情味世无双"之意。

沙曼翁手迹小篆"静吟"。额有跋语云:沧浪亭旧在北碕,康熙间宋漫堂家

图 1-7　濠梁何必远

景境构成——品题(上册)

沧浪亭（北宋）

图 1-8　匾额（静吟）

宰移置山巅，悬文待诏隶书"沧浪亭"额，经兵燹不复存，岁癸酉重修山亭，仍其旧于北碕别构一亭，因取苏学士诗意，以"静吟"名之，亦以存古迹也。四月既望应宝时。

　　"静吟"匾额下为蒋吟秋先生（1896—1981年）于1959年书写的苏舜钦《沧浪亭记》隶书之屏条木刻，白底黑字。蒋吟秋，字镜寰，江苏苏州人。毕业于江苏师范学校，我国著名的书法家、金石学家、图书馆学家。工诗善词，通小学、精金石、书画，尤擅篆隶，笔法圆浑雄厚，苍劲老健。

　　对联（图 1-9）：

共知心似水；

安见我非鱼？

　　都知道我的心像水一样至清无垢；怎么能说我不知道鱼的快乐呢！出句取《汉书·郑崇传》中郑崇的辩解词"臣心如水"意；对句用《庄子·秋水》篇中庄子和惠子濠梁问答之意。

图 1-9　对联

宋荦撰。宋荦（1634—1713年），字牧仲，号漫堂、西陂、绵津山人，晚号西陂老人、西陂放鸭翁。汉族，河南商丘人。著名诗人、书画家、文物收藏家和鉴赏家。清康熙三十一年（1692年）擢江苏巡抚，被朝廷誉为"清廉为天下巡抚第一"。有诗称颂他："惠爱黎元，宏奖髦士。心迹双清，沧浪之水。"

苏渊雷书。苏渊雷（1908—1995年），原名中常，字仲翔，晚署钵翁，又号遁园，浙江平阳人。生前任上海华东师范大学教授、中国佛教协会常务理事。被誉为"文史哲兼擅，诗书画三绝"。笔墨洒脱，逸笔草草，为典型的文人书画。

四、闲吟亭

匾额（图1-10）：

闲吟亭

图1-10　匾额（闲吟亭）

随意吟唱之亭。取唐代郑谷《江际诗》"早晚闲吟向产川"和唐代来鹏《病起诗》"池边扶杖欲闲吟"之意。

徐穆如书额。行楷。徐穆如（1905—1995年），书画篆刻艺术家。祖籍无锡。从小随父居上海，20世纪40年代曾一度定居苏州。书法、篆刻曾得海派名家吴昌硕指授。

对联（图1-11）：

千朵红莲三尺水；

一湾明月半亭风。

三尺深的水面上红莲千朵，天空一弯明月，夜风习习，半亭生凉。

崔护补书。行楷。崔护（1924—2008 年），江苏太仓人，著名书画家、工艺美术家。自幼喜书画，私淑吴湖帆，擅行草，亦擅山水，为中华诗词学会发起人之一。书作娟秀典雅，凝练古拙，骨力健劲。为中国书法家协会会员、中国美术家协会会员、苏州考古学会会员、苏州市书法家协会顾问。

五、书房

园主读书处。南面为一个闭式小天井，原植老桂两枝，今余翠竹一丛、芭蕉数本。北面平地上有梅十余株，早春梅花初放，暗香浮动，沁人心脾（图 1-12）。

匾额之一（图 1-13）：

闻妙香室

闻特妙香气之室。取意唐代杜甫《大云寺赞公房》四首之三："灯影照无睡，心清闻妙香。"

程可达补书。楷书。程可达（1915—1998年），江苏宜兴人，1940 年毕业于西北农学院，1975 年定居苏州，专事书法。中国书法家协会会员，曾任苏州书法协会常务理事、名誉理事，苏州草书研究会会长，苏州草书社社长。擅楷书及草书。所作楷书有晋唐风姿，兼备北魏笔意，草书圆中见方，洒脱奔放。著有《书法津梁》《草书概论》等书法著作。

图 1-11　对联

图 1-12　书房北：数点梅花天地心

图 1-13　匾额之一（闻妙香室）

匾额之二：

见心书屋 ①

见心书屋，取意元代翁森《四时读书乐·冬》："木落水尽千崖枯，迥然吾亦见真吾。坐对韦编灯动壁，高歌夜半雪压庐。地炉茶鼎烹活火，四壁图书中有我。读书之乐何处寻，数点梅花天地心。"

对联（图1-14）：

自剪露痕折尽武昌柳；
伫似明月只寄岭头梅。

图1-14　对联

自己剪下带着露水痕迹的柳条，送别朋友，真想效法古人折尽那武昌之柳，聊以表达对即将离别的友人的依依之情；抬头见一片白梅，好像明月朗照，只寄一枝好似大庾岭头的梅花，向远方的朋友报告春的信息。

"折尽武昌柳"用的是宋代辛弃疾《水调歌头》"折尽武昌柳，挂席上潇湘。"寄梅送春，典出《荆州记》中陆凯赠诗："江南无所有，聊赠一枝春。"

瓦翁书。行书。瓦翁（1908—2008年），原名卫止安、卫东晨，祖籍浙江萧山。中国书法家协会会员、中国文物学会会员、江苏省文史研究馆馆员、苏州市文联艺术指导委员会副主任、苏州市园林绿化局顾问、苏州市书法家协会顾问、苏州图书馆顾问、东吴印社名誉社长。曾受业于著名文史家章钰专攻晋唐小楷及行书，并旁涉碑片甲骨，大量临摹前凉、北凉、北魏、南朝等书法。

六、假山西南弧形走廊

弧形走廊高下逶迤，弯曲有致，最高处有一座半亭，北临水潭（图1-15）。

匾额（图1-16）：

① 书房"见心书屋"匾额已佚。

图1-15　曲廊逶迤

图1-16　临水亭匾（步碕）

　　"碕"的本义是曲折的堤岸，"步碕"指弧形步廊。隶书。

七、步碕亭北面假山

　　假山主体为土阜，山脚叠石护坡，山上石径盘回，林木森郁，恍如真山野林（图1-17）。

图 1-17　步碕亭北假山

摩崖（图 1-18）：

流玉

篆字"流玉"，清泉犹流动的碧玉。

晚清朴学大师俞樾（1821—1906 年）篆书。"玉"字的本义是用丝绳穿连起来的珍玩宝石，俞樾将玉字的一"点"写成朝下的两挂水湾，字若飞动，仿佛两挂清泉从山石上潺潺而下，耳闻汩汩的水声，"清泉石上流"的意境油然而生。

八、康熙御碑亭

康熙诗（图 1-19）：

曾记临吴十二年，
文风人杰并堪传；
予怀常念穷黎困，
勉尔勤箴官吏贤。

图 1-18　清泉石上流（流玉）

沧浪亭（北宋）

图 1-19　康熙诗

曾经记得来到吴地十二年，文风淳朴人才出众值得称扬；我心里常常顾念平民百姓的困苦，勉励你努力告诫僚属要有贤德。

康熙（1654—1722 年）是中国历史上在位时间最长的皇帝，在位六十一年。他自幼好学工书，尤喜好董其昌书法，后擅长楷书、行书，清丽洒脱。

碑联（图 1-20）：

膏雨足时农户喜；
县花明处长官清。

滋润作物的雨水充足时农家喜悦，桃柳遍植的县里长官清廉。对句出自西晋潘岳在河阳当县令时，多植桃柳，号"县花"之典。为康熙御赐吴存礼诗联。

图 1-20　碑联

九、沧浪亭

匾额（图 1-21）：

沧浪亭

图 1-21　匾额（沧浪亭）

"沧浪亭"初建于水边，清康熙三十四年（1695 年），巡抚宋荦始移山之巅，濯缨濯足的隐逸主题逐渐变为景仰名贤、廉政教育的休闲去处。现亭额为晚清俞樾所书，俞樾以隶笔作楷书，古雅拙朴。

对联（图 1-22）：

清风明月本无价；
近水远山皆有情。

自然美景是大自然赏赐给人类的无价之宝，苏州近处的水、远方的山都含有深情。出句出自欧阳修《沧浪亭》长诗，对句出自苏舜钦《过苏州》诗。清代梁章钜集诗联。楷书。

十、明道堂

匾额（图 1-23）：

沧浪亭（北宋）

图 1-22　沧浪亭柱联

图 1-23　明道堂内匾

　　看到和听到的都赏心悦目，明白了这就是战胜自我、摆脱烦恼之道。取自苏舜钦《沧浪亭记》："观听无邪则道已明。"

　　顾廷龙书额。楷书。顾廷龙（1904—1998 年），号起潜，苏州世族，著名学者、书法家，学植深厚，尤精版本目录学。书法方面，正、草、隶、篆样样精能，尤擅楷书和篆书。楷书体态平和，筋骨内含，点拂之间流露出优美潇洒的韵致。篆书线条紧涩厚重，气势雄浑苍茫，用笔方圆兼施，熔金文诸体于一炉，韵味高古而婉丽多姿。行书结体宽博，气度雍容典雅。

楹联之一（图 1-24）：

> 百花潭烟水同情，年来画本重摹，
> 香火因缘，合以少陵配长史；
> 万里流风波太险，此处缁尘可濯，
> 林泉自在，从知招隐胜游仙。

百花潭水同沧浪胜景同一情愫，年来沧浪这堪称天然画本的形胜之地得以重修，苏舜钦和杜甫人隔两代，然同字子美，好像前生已结盟好，以杜少陵配祠苏长史，应该是十分相宜的。仕途如万里流水，迭遭风险，这里一湾清流，足可洗涤世俗的尘缁，林泉逍遥自在，从这里领悟到招至山林隐居，胜过出游的仙人。

清代薛时雨题，沙曼翁补书。行楷。

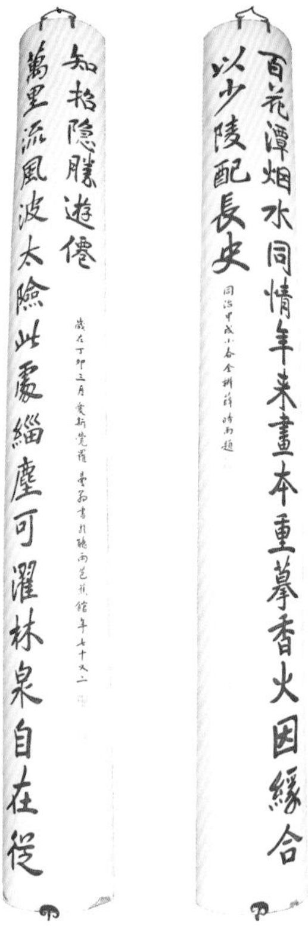

楹联之二（图 1-25）：

> 渔笛好同听，羡诸君判牍余闲，清兴南楼追庾亮；
> 尘缨聊一濯，拟明日刺船径去，遥情沧海契成连。

渔笛悠扬，大家好共同欣赏，羡慕诸位在公务余暇，清高的逸兴直追西晋的庾亮：邀上三五同僚，登楼赏月，清咏彻夜；沾上俗尘的帽带可以姑且洗一洗，准备明天就撑船离去，情思远逸，想法和春秋时伯牙的老师成连契合：到东海蓬莱，让大自然中海水的涛声、山鸟的叫声移去俗情。出句用晋庾亮南楼赏月之典，对句用《沧浪之歌》意及伯牙仙岛学琴之典。

吴进贤书。隶书。吴进贤（1903—1999 年），字寒秋，中国书法家协会会员、苏州市文联艺术指导委员会委员。生于安徽歙南里河坑。定居苏州。能诗

图 1-24　楹联之一

图 1-25　楹联之二

文，工昆曲，精书法。书法于汉隶最工，识者称其用笔苍劲沉着，用墨润枯适度，点画稳健扎实，结体生动有姿。

楹联之三（图1-26）：

三秋刚报赛，休辜良辰美景；请先生闲坐谈谈，
问地方上士习民风，何因何革；
五簋可留宾，何用张灯结彩；教百姓都来看看，
想平日间竞奢斗靡，孰是孰非。

沧浪亭（北宋）

三秋刚完毕，别辜负了良辰美景，请诸位先生来闲坐谈谈，了解一些地方的士习民风的沿革。少量食物可以留客了，没有必要张灯结彩；让百姓们都来看看，平时竞奢斗靡，哪个对哪个错？

清乾隆江苏巡抚徐士林撰，今署名"近水山庄亚明"补书。行书。亚明（1924—2002年），姓叶，名静直。笔名亚明。历任无锡市美协主席、江苏省美术工作室主任、华东美协理事、江苏省国画院副院长、中国美协江苏分会主席、中国美协常务理事、香港《文汇报》中国画版主编、南京大学艺术研究中心教授等职，是当代著名的山水画家。

楹联之四（图1-27）：

六境画图中，此地尚分今日照；
十年烽火后，名山重仰大云垂。

渌波村、芰梁、放鸭亭、松庵、钓家、纬萧草堂六境，有溪流竹树之胜，对照今日的沧浪亭，六境尚能一一辨出；太平天国战火十年后，此地能再次仰望名山，下眺大云庵。

清代王凯泰撰。宋荦任江苏巡抚时曾重修沧浪亭，而其人又有《西陂杂咏》六首，分咏渌波村、芰梁、放鸭亭、松庵、钓家、纬萧草堂六境，后来丹青妙手王石谷为宋荦画《西陂六景图》，一时名人多题咏。宝应王凯泰的先人王式丹因为宋荦对其有知遇之

图1-26 楹联之三

图1-27 楹联之四

恩，也有题图六咏，载于《梅花书屋集》中。清同治甲戌年（1874年）春，适值天平天国失败十年后，王凯泰云游至吴门，沧浪亭恰好修葺一新，怀着景慕的心情参观后写下此联。

沈鹏书。沈鹏，1931年出生，江苏省江阴市人，1950年起在《人民画报》社工作。身为书法家、美术评论家、出版家和诗人，尤以书法见长，书法精行草，兼长隶、楷等多种书体。其行草书和隶书"刚柔相济，摇曳多姿"，以气势恢宏、点画精到、格调高逸、韵味深长而富有现代感，成为当今书坛最具代表性的书风典型。

东廊口砖额（图1-28）：

东菑

东边初耕一年的土地。取唐代王维《积雨辋川作》"蒸藜炊黍饷东菑"诗意。

沙曼翁补书。隶书。

西廊口砖额（图1-29）：

西爽

西山有清爽之气。取唐代王维《送李太守赴上洛》诗中"若见西山爽，应知黄绮心"句意，源出《世说新语·简傲》篇。

沙曼翁补书。隶书。

图1-28 东廊口砖额（东菑）

图 1-29 西廊口砖额（西爽）

十一、瑶华境界

匾额（图 1-30）：

瑶华境界

梅花洁白如瑶玉一般，境界纯洁。原为梅亭，故云。屏门上，苏舜钦《沧浪亭记》，楷书，勒方锜书。

图 1-30 匾额（瑶华境界）

清同治十二年（1873年）江清骥书额，隶书。江清骥，字小云，号颐园，钱塘（今杭州）人。道光二十年（1840年）举人，官江苏常镇道。工篆、隶、行、草。

十二、看山楼·石室

沧浪亭南隅有一座二层小楼，上层看山楼，楼下为一石室，楼东、西、南三面均植竹（图1-31）。

图1-31 青青翠竹尽是法身

匾额（图1-32）：

看山楼

取"日里看山""看山是山"的禅宗公案。出自宋代吉州（江西）青山惟政禅师的《上堂法语》。

吴䍃木书额。行书。吴䍃木（1920—2009年），名彭，祖居浙江崇德县（今改崇福镇）。父、祖皆为名画家。中国美术家协会会员、苏州国画院副院长、苏州"吴门画派"研究会会长。

石屋额（图1-33）：

印心石屋

不借语言，心意相通。取佛家著作《景德传灯录》"衣以表信，法乃印心"之意。

清道光帝书赠陶澍。道光即清宣宗，爱新觉罗·旻宁，1821—1850年在位。其字尚工整，贵唐代欧阳询、虞世南、褚遂良、颜真卿之书。此字楷书，有颜体

沧浪亭（北宋）

图 1-32　匾额（看山楼）

图 1-33　石屋额（印心石屋）

之韵味。

摩崖（图 1-34）：

圆灵证盟

"圆灵证盟"草书摩崖，明月当空，天如水镜，佛教徒传法。圆灵，指"月"，"指月"是禅宗著名的公案，见《大慧语录》卷二十。

图 1-34 摩崖（圆灵证盟）

林则徐（1785—1850 年）撰书。林则徐善书，法欧阳询，工小楷。清代李元度《国朝选征中略》云："（林则徐）公书具体欧阳，诗宗白傅。在官事无巨细心躬亲，家局必熟访民间利病，日诸当道，求题咏者虽踵接不暇应也。"

十三、曲室

掩映在竹林中的曲室是一个独特的书斋，呈曲尺形（图 1-35）。

图 1-35 日光穿竹翠玲珑

匾额（图 1-36）：

翠玲珑

日光穿过竹丛，苍翠欲滴，玲珑可爱。取意苏舜钦《沧浪怀贯之》"日光穿竹翠玲珑"诗句。

钱塘江尊篆书。江尊（1818—1908 年），工篆刻，为赵之琛（1781—1860 年）的入室弟子，得其衣钵。

图 1-36　曲室匾额（翠玲珑）

君子对（图 1-37）：

风篁类长笛；
流水当鸣琴。

风吹竹丛，如长笛轻吹；水流淙淙，似琴弦奏鸣。出自唐代上官昭容《游长宁公主流杯池二十五首》诗。

清代何绍基撰书。行楷。何绍基（1799—1873 年），字子贞，号东洲，一号蝯叟，湖南道州（今道县）人。博学多能，尤以书法著称，善隶书，晚年喜分篆，周金汉石，无不临摹，融入行楷，自成一家，为晚清书坛最有影响的书法家之一。其书法作品以对联为多，被誉为"书联圣手"。其书沉雄峭拔，恣肆中见逸气。

图 1-37　君子对

祠东月洞门砖额（图1-38、图1-39）：

周规　折矩

往返有规，进退有矩。取《礼记·玉藻篇》"周还中规，折还中矩"之意。"周规"为钟鼎文，"折矩"为篆书。

图1-38　周规

图1-39　折矩

祠西小亭匾额（图1-40）：

仰止亭

高尚道德令人仰慕之亭。取《诗经·车辖》中"高山仰止，景行行止"诗意。额下有文徵明画像石刻一方。亭南侧有五老图、七友图和沧浪亭小坐图。隶书。

图1-40　仰止亭

祠西小亭对联（图1-41）：

未知明年在何处；

不可一日无此君。

图1-41 祠西小亭对联

不知道明年此时此身在哪里？不能一天没有竹子在左右。题识："玉农明府奉差吴中，在沧浪亭七易寒暑。左右修竹，空翠洗襟，明岁将之官句容。嗟世态之炎凉，羡清风之洒落，摘句属篆，竟不忘游钓处也。时丁未土月昌硕吴俊卿。"

出句取宋代王禹偁《黄冈竹楼记》中语，对句取《世说新语·任诞》载东晋王子猷（徽之）爱竹的典故。

原为吴昌硕撰书，今由沙曼翁补书。行楷。

祠署匾额（图1-42）：

作之师

堪为下界万民之师。取《尚书·泰誓》："天佐下民，作之君，作之师。"

吴进贤补书。隶书。

祠署头石刻（图1-43）：

景行维贤

行为光明正大，德行高尚，乃为后人仰慕的贤德之人。

"道光七年（1827年）丁亥菊月湘圃松筠书"。松筠（1752—1835年），姓玛拉特氏，字湘圃，蒙古正蓝旗人，因颇能任事为乾隆帝所知。自乾隆中叶至道光年间，历任银库员外郎、内阁学士兼副都统、户部侍郎、御前侍卫、内务府大臣、吉林将军、户部尚书、陕甘总督、伊犁将军、两江总督、两广总督、协办大学士兼内大臣、吏部尚书、

图1-42 作之师

图 1-43 景行维贤

东阁大学士、武英殿大学士、都察院左都御史、兵部尚书、直隶总督等职。道光十四年（1834 年），以都统衔休致。一年后，卒。享年八十二岁，赠太子太保，依尚书例赐恤，谥号文清，祀伊犁名宦祠。

外廊楹联（图 1-44）：

千百年名世同堂，俎豆馨香，因果不从罗汉证；
廿四史先贤合传，文章事业，英灵端自让王开。

自周至清这千百年间苏州的名宦乡贤都聚此一堂，享受四季祭祀，烟火馨香，他们生前的善行所获善果，并非从圣者的名位得到证实；四史中的先贤在此合传。他们传世的文章以及创立的事业永垂史册，杰出的人才实始于三让天下的吴太伯。

沙曼翁书。篆书。

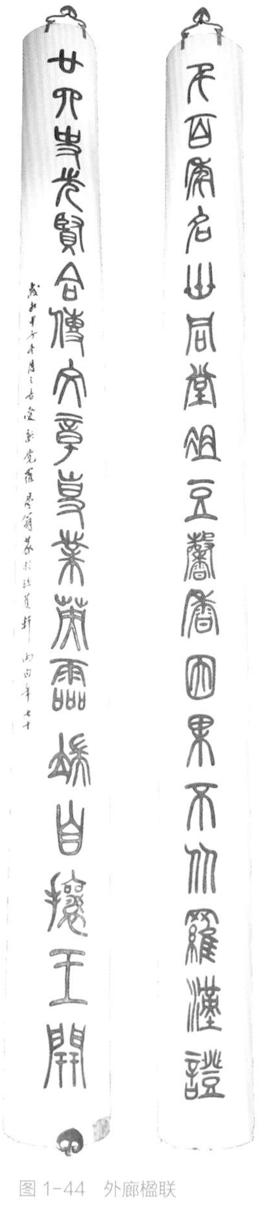

十五、画廊形馆

匾额（图 1-45）：

清香馆

桂花清香怡神之馆，画廊形馆北面庭院种有桂树。

胡厥文书。行书。胡厥文（1895—1989 年），又名胡保祥，上海嘉定人。著名书法家，曾任中国书法家协会第一届主席团理事。

图 1-44　外廊楹联

图 1-45　清香馆

对联（图 1-46）：

> 月中有客曾分种；
> 世上无花敢斗香。

吴刚曾经把桂花种到了月球上，世上再也没有别的花敢于和桂花比香了。

瓦翁补书。行楷。

十六、水榭

匾额（图 1-47）：

藕花水榭

莲花飘香之榭。

张之万撰书于同治癸酉仲夏。行楷。张之万（1811—1897 年），字子青，号銮坡，直隶南皮县（今属河北省）人。清朝状元，官至太子太保、东阁大学士。工诗词，善书画，曾与许彭寿等编纂《治平宝鉴》。晚清洋务名臣张之洞是其从弟。

图 1-46　对联

图 1-47　藕花水榭

对联（图 1-48）：

　　散华梦醒论《诗》客；
　　烧叶人吟读《易》窗。

　　听佛陀说法如天女散花，使人沉迷梦境，醒来纵论《诗经》；煮酒烧落叶的人，在窗下读《易经》。

　　款署"半个沧浪僧曼翁书"。曼翁，即沙曼翁。隶书。

十七、小轩

匾额（图 1-49）：

锄月轩

　　披着月色锄地种梅之轩。取宋代刘翰《种梅》诗句"自锄明月种梅花"。"锄月"，源出东晋陶渊明《归园田居》"晨兴理荒秽，带月荷锄归"句意。

　　吴敤木书。行楷。

图 1-48　对联

图 1-49　锄月轩

对联（图 1-50）：

　　乐水乐山得静趣；
　　一丘一壑自风流。

仁者乐山，智者乐水，都能享受到自然静趣；隐栖于丘壑之中自是自在风流。出句自《论语·雍也》中仁者乐山、智者乐水化出；对句取自宋代辛弃疾《鹧鸪天》词："书咄咄且休休，一丘一壑也风流。""一丘一壑"，则源出《汉书·叙传》："渔钓于一壑。则万物不好其志；栖迟于一丘，则天下不易其乐。"后以"一丘一壑"表示隐栖山林。

苏渊雷书，书法擅长行草，俊爽飘逸，风韵别具。

图 1-50　对联

网师园（南宋）

　　网师园位于苏州城东南的阔家头巷。宋淳熙初年（12世纪），吏部侍郎史正志在此地建宅园，史氏将堂内花圃取名"渔隐"，有隐居自晦之意。今之规模，基本上为嘉庆元年富商瞿远村所构筑，后虽数易其主，但"网师"之旧观以及意蕴基本未变（图2-1）。

　　网师园为苏州著名的宅园式园林，住宅占地三亩、花园占地五亩，"它是造园家推誉的小园典范。"①

"惟德之符"：网师园盘槐

南面巷门・北门

门宕砖额（图2-1、图2-2）：

网师园

隐于渔钓之园。

　　"网"本属象形字而非简化字："冂"表示覆盖，双"乂"像网绳交错成网眼状。冈为"网"之俗字，汉《曹全碑》中"续遇禁冈，潜隐家"的"禁冈"即"禁网"。故"糹"+"冈"与"网"同。唐代欧阳通《道因法师碑》的"鱼网"之"网"和颜真卿的《多宝佛塔感应碑》中的"网"字也都写成"綱"。

图 2-1　南面巷门宕（网师园）

图 2-2　北门宕

第一节

东部住宅

一、门厅过廊

东天井砖刻（图 2-3）：

锁云

锁住自然美景为我所有。

清代王文治撰书。行书。王文治（1730—1802 年），字禹卿，号梦楼，江苏丹徒人。诗文书画皆能。其书法精行楷，专取风神，时称"淡墨探花"，秀逸天成。著有《梦楼诗集》《快雨堂题跋》等。

图 2-3 锁云

西天井砖刻（图 2-4）：

鉏月

"鉏月"即"锄月"，在月光下扛着锄头回家。源自晋代田园诗人陶渊明《归园田居》其三"带月荷锄归"之意。表示唾弃富贵，耕躬自给。

冯桂芬书。行书。冯桂芬（1809—1874 年），字林一，号景亭，吴县（今江苏苏州）人。精历算勾股之学，书宗欧、虞，工行草，疏秀简逸，别具畦町。

图 2-4 鉏月

二、轿厅

匾额（图 2-5）：

清能早达

图 2-5　清能早达 ①

"清能"指为官者应该具备的品德才能，做清廉正直才能卓越的"清能吏"，典出《后汉书·贾琮传》。"早达"的"达"，为孟子所说的"达则兼善天下"。张辛稼书额。行书。

三、扁作大厅

门楼砖额（图 2-6）：

藻耀高翔

文采飞扬，家、国兴旺发达。语出《文心雕龙·风骨》。"高翔""早达"，均含祝福意，与天井中白玉兰一树千花、先百花齐放、束素亭亭形象呼应。行楷。

匾额（图 2-7）：

万卷堂

藏书万卷之堂。仿明代文徵明体。

对联之一（图 2-8）：

① "清能早达"匾原悬于扁作大厅，与扁作大厅意境符合，现挂于轿厅。

紫髯夜湿千山雨；
铁甲春生万壑雷。

图 2-6 江南第一门楼（藻耀高翔）

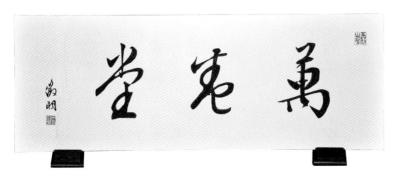

图 2-7 万卷堂 [1]

图 2-8 对联之——大厅中堂联

① 宋代史正志曾经盖书楼，名
"万卷堂"，内环列四十二橱
书，此匾虽具历史感，但位
置不宜挂在扁作大厅。卜复
鸣先生在《品读网师园》一
书中说："堂内原悬'清能早
达'一匾"。

一夜细雨洒遍了万林千山，润湿了紫色的针状松叶；一阵阵雷声震响在千山万壑，鳞片状的松树皮渗出了春的气息。取元代谢宗可《龙形松》诗句。

崔护书。行楷。

对联之二（图2-9）：

南宋溯风流，万卷堂前渔歌写韵；
蠡溪增旖旎，网师园里游侣如云。

幽雅风格要追溯到南宋，万卷堂前回响着渔夫和谐的歌声；蠡溪边增添旖旎风光，网师园里游伴像云彩一样多。

王西野撰联，吴进贤书。隶书。王西野（1914—1997年），字栖霞，自号茶禅，晚署霜桐老人，江苏江阴人，苏州美专早期毕业生，上海光华大学文学士，兼擅书诗画，擅撰对联。

图2-9 对联之二

四、女厅

墙门砖额（图2-10）：

竹松承茂

图2-10 女厅门楼（竹松承茂）

家族兴旺，像竹松一样茂盛，兄弟相亲相爱。出自古代成室颂祷之礼仪诗《诗经·小雅·斯干》。隶书。

　　匾额（图2-11）：

撷秀楼

图 2-11　撷秀楼

　　摘采远山秀色之楼。俞樾书并跋云："少眉观察世大兄于园中筑楼，凭槛而望，全园在目，即上方山浮屠尖亦若在几案间，晋人所谓千崖竞秀者，俱见于此，因以撷秀名楼，余题其楣，光绪丙申腊月曲园俞樾记。"隶书。

五、梯云室

　　梯云室位于住宅区中轴线之北，前后都有小院或天井，通透开朗。南庭院西墙有蜂洞湖石楼山，有蹬道可上楼，人行假山上，如踏祥云（图2-12）。

图 2-12　梯云室南庭院

南庭院东侧洞门砖额（图 2-13）：

云窟

图 2-13 云窟

　　"云窟"原指高山上的岩洞。宋代杨万里《游莆涧呈周帅蔡漕张舶》诗："穹岩千仞敲欲裂，仰看飞泉泻云窟。"此与湖石楼山相呼应，似有祥云自洞门滚滚而出，向西凝聚成楼山。行书。

　　匾额（图 2-14）：

梯云室

图 2-14 梯云室匾

古人呼石为云根，以为云乃触石而生，这里指湖石楼山，即以山石为梯的居室。有唐代郑谷《少华甘露寺》"上楼僧踏一梯云"的神韵，存仙居遗义。行草。

第二节

西部花园

一、山水园小门

门楣东砖额（图 2-15）：

网师小筑

图 2-15　山水园小门（网师小筑）

"网师"亦即"渔翁"，称小建筑以示谦抑。隶书。

门楣西砖额（图 2-16）：

可以栖迟

住处、饮食不嫌简陋，可以在此隐居自乐而无他求。出自《诗经·陈风·衡门》。篆书。

图 2-16 可以栖迟

二、水涧

涧壁宋石刻（图 2-17）：

槃涧

贤者乐在山林盘桓隐居。取《诗经·卫风·考槃》中"考槃在涧，硕人之宽"之诗意。槃涧上有座袖珍型小桥名"引静桥"，俗称"三步小拱桥"，是中国园林中最短最小的石拱桥。篆书。

涧岸立石石刻（图 2-18）：

待潮

等待潮水滚滚而来。立石下面，水涧中有五十公分见方的花岗石小闸门，题额暗示人们，只要闸门一开，潮水就会汹涌而来，以虚带实，营造水源深远不尽的意境。

赵是铮书。篆书。

图 2-17 槃涧

图 2-18 待潮

三、小山丛桂轩

匾额（图 2-19）：

小山丛桂轩

图 2-19　匾额（小山丛桂轩）

小山上桂树丛生，可以在此隐居。反西汉淮南小山《招隐士》之意。额意更有黄庭坚闻桂香而悟佛禅境界的暗示。隶书。

对联（图 2-20）：

山势盘陀真是画；
泉流宛委遂成书。

图 2-20　小山丛桂轩对联

山势盘旋真像云岗山体画，泉流宛委遂如夏禹登宛委山所得的金简玉字之书。何绍基撰书。行楷。

四、云岗假山

摩崖：

云岗^①

云雾缭绕的崖岗。云岗以黄石堆叠，濒临水池，周身抱满络石、薜荔等，表现出大型水石盆景的意境（图 2-21）。

图 2-21　云岗

五、爬山廊

廊额（图 2-22）：

樵风径

① 今不存。　　图 2-22　樵风径

隐居者上山打柴乘舟顺风之路。典出《后汉书·郑弘传》"会稽山阴人"注
引南朝宋孔灵符《会稽记》。楷书。

六、宜春窠（新辟牡丹园）

门额（图 2-23）：

宜春窠

图 2-23　新辟牡丹园门额（宜春窠）

适宜春天之院，原为花圃。"窠"，花园的围墙。篆书。

院内砖额（图 2-24）：

玉椀金盘

图 2-24　玉椀金盘

形容盛开的牡丹花，白如玉碗、黄若金盘，花朵硕大，富贵华丽，冠居群芳。出自宋代沈辽《奉陪颖叔赋钦院牡丹》："昔年曾到洛城中，玉椀金盘深浅红。"

吴溓书。行书。吴溓，1945年生于西安，号灞桥倦客，师从王西野、陈从周等学习诗词和园林艺术，在诗、词、楹联和书法上成绩卓越。现为中华诗词协会会员、中国国学研究会研究员、江苏省楹联协会会员、江苏省书法家协会会员。

主厅匾额（图 2-25）：

露华馆

图 2-25　露华馆匾

美丽的牡丹花在晶莹的露水中显得更加艳冶。取唐代李白的《清平调》词三首第一首的"云想衣裳花想容，春风拂槛露华浓"诗句意。

吴敤木书。行书。

楹联之一（图 2-26）：

笑折花归，浑如飞仙入梦；
记穿林窈，还因送客留迟。

笑着折花回家，完全像飞仙入梦境；记得穿过树林幽深处，还因为送客人而迟留。集吴文英词。

出句取宋代吴文英《莺啼序·荷和赵修全韵》，对句集自吴文英词《三姝媚·夷则商》和《声声慢·饯魏绣使泊吴江为友人赋》。

图 2-26　楹联之一

瓦翁书。行书。

楹联之二（图 2-27）：

纵目槛前，仿佛沉香亭畔无数洛红赵碧，
　　李白放歌应未尽；
遣怀庭外，犹疑兴庆宫中几丛魏紫姚黄，
　　欧阳欲记恨难详。

　　放眼槛前，仿佛当年沉香亭畔有"洛阳红、
赵粉、欧碧"等洛阳牡丹，李白谱写的新乐章应
该还没有终了；庭外抒怀，好似在兴庆宫中多少
<u>丛魏紫姚黄</u>牡丹名品，欧阳修想记也难详。

　　崔护撰书。行楷。

廊西门宕砖额（图 2-28）：

紫霞

　　紫色云霞。道家谓神仙乘紫霞而行。出自
《文选·陆机〈前缓声歌〉》："献酬既已周，轻举
乘紫霞。"

景境构成——品题（上册）

图 2-27　楹联之二

图 2-28　紫霞

廊东门宕砖额（图 2-29）：

丛翠

图 2-29 丛翠

树木茂盛青苍。

七、蹈和馆

匾额（图 2-30）：

蹈和馆

图 2-30 蹈和馆匾

遵循中庸、谦和之道，平和安吉。

吴䍩木书。行书。

八、琴室

琴室为一封闭式小院，环境幽深，院南堆砌湖石峭壁山，配有枣树、石榴大盆景、紫竹等，半亭内悬大理石挂屏"苍岩叠嶂"，下置琴砖一方（图2-31）。

图2-31　琴室

匾额（图2-32）：

琴室

图2-32　琴室

操琴之室。隶书。

院东门宕砖刻（图2-33）：

铁琴

图2-33 铁琴

铁骨琴心。行书。

九、水榭

水榭基部以石梁柱架空，池水出没于下，旧时曾充作戏台（图2-34）。

图2-34 水榭

水榭区（图2-35）：

濯缨水阁

图2-35　濯缨水阁

　　用洁净的清水洗涤沾染世俗尘埃的帽带。取意《楚辞·渔父》歌："沧浪之水清兮，可以濯我缨。"行书。

对联之一（图2-36）：

曾三颜四；
禹寸陶分。

　　曾参每日三省吾身，颜渊恪守"四勿"信条；大禹珍惜寸阴，陶侃宝爱分阴。

图2-36　水榭对联之一

郑燮（1693—1765年）撰书。郑燮字克柔，号板桥，清代"扬州八怪"之一，以诗、书、画三绝著称于世。书法真、草、隶、篆皆善，尤精楷书。自创"六分半书"，似隶非隶，似楷非楷，似魏非魏，且有篆籀笔意。章法行款上，大小肥瘦、疏密整斜，各得其所，人称"乱石铺街体"或"板桥体"。"无古无今，自成一格"，独具风神。

对联之二（图2-37）：

于书无所不读；

凡物皆有可观。

百氏之书无所不读，还需周行名山大川；凡物都有价值，都有可以取得乐趣之处。出句集自宋代苏辙的《上枢密韩太尉书》，对句集自苏轼的《超然台记》。行书。

图2-37　对联之二

十、月到风来亭

月到风来亭位置优越，亭壁置一面大镜，是为镜借，将对景射鸭廊、空亭悉收其中（图2-38）。

图2-38　月到风来亭

篆书匾额（图 2-39）：

月到风来亭

图 2-39　月到风来亭

"近水楼台先得月"，此亭最适宜于秋夜欣赏自然风月，月到天心，风来水面，清趣无限。有唐代韩愈《奉和虢州刘给事使君三堂新题二十一咏·北楼》诗"晚色将秋至，长风送月来"和宋代理学家邵雍《清夜吟》诗"月到天心处，风来水面时"的情韵。

行书对联（图 2-40）：

园林到日酒初熟；

庭户开时月正圆。

酒熟月圆之时，在园林饮酒赏月，何等舒心惬意！清代何绍基集南唐伍乔《庐山书堂送祝秀才还乡》诗联。

清代何绍基撰书状景抒情联。

亭西南廊壁砖刻（图 2-41）：

岩腹涧唇

山岩之腹水涧之口。形容砖刻处爬山廊所处的位置。正楷。

图 2-40　行书对联

图 2-41　岩腹涧唇

十一、花园主厅

花园主厅位于北部书房区，轩隐于松柏后，白皮松斜植，体形松秀，株干古拙，古柏传为南宋史正志手植，依然老枝挺拔，古意盎然（图 2-42）。

图 2-42　看松读画轩

隶书匾额（图2-43）：

看松读画轩

图 2-43　花园主厅匾（看松读画轩）

观松赏画之轩。

行草对联（图2-44）：

满地绿阴飞燕子；

一帘晴雪卷梅花。

满地绿树成阴，飞燕语呢喃；卷起帘满枝白簇簇的梅花，犹如天晴后的积雪。

行楷抱挂联（图2-45）：

风风雨雨暖暖寒寒处处寻寻觅觅；

莺莺燕燕花花叶叶卿卿暮暮朝朝。

风吹落叶，雨打芭蕉，春暖冬寒，到处寻幽探芳；莺莺娇软，燕子轻盈，红花绿叶，男欢女爱，一派明媚秀丽的风光。

网师园旧联，程可达书。

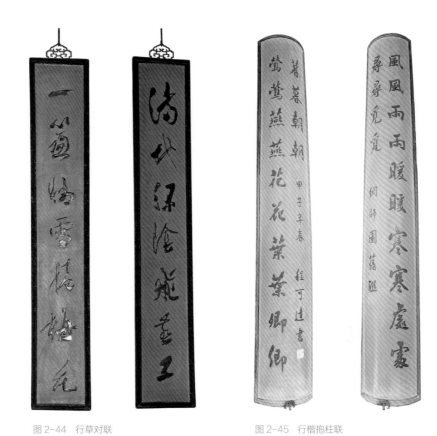

图 2-44　行草对联　　　　　　　　　　图 2-45　行楷抱柱联

西侧小书房对联（图 2-46）：

天心资岳牧，

世业重韦平。

　　上天帮助的是像四岳十二州牧那样有贤德的封疆大吏，先人的事业、功绩推重的是汉代的韦贤、韦玄成父子和平当、平晏父子，他们都能父子相继为宰相。

　　隶书。款识"嘉庆庚午春正月，钱塘陈鸿寿"。陈鸿寿（1768—1822 年），浙江钱塘（今杭州）人。字子恭，号曼生、曼龚、曼公、恭寿、翼盦、胥溪渔隐、种榆仙、种榆仙客、夹谷亭长、老曼等。嘉庆拔贡，官至江南海防同知。工书画、篆刻，为著名的"西泠八家"之一，是清代艺坛一代大师。篆刻出入秦汉，绘画精于山水、花卉。书法长于行、草、篆、隶诸体，尤以隶书和行书最为知名：隶书清劲潇洒，结体自由，穿插挪让，相映成趣，具有"狂怪"的特点，在当时是一种创新的风格。他广泛学习汉碑，尤其善于从汉摩崖石刻中汲取营养，在用笔上形成了金石气十足、结体奇特的个人面目。笔画圆劲细插，如银画铁钩，意境萧疏简淡，雄浑瓷肆，奇崛老辣。行楷古雅有法度。

图 2-46　小书房对联

十二、小姐楼

楼下行书匾额（图 2-47）：

集虚斋

图 2-47　集虚斋

修持正道臻于虚静空明境界之斋。出自《庄子·人间世》："唯道集虚，虚者，心斋也。"

十三、竹外一枝轩

行书匾额（图2-48）：

竹外一枝轩

图2-48　竹外一枝轩

竹外一枝梅花歌曲优美。取苏轼《和秦太虚梅花》"江头千树春欲暗，竹外一枝斜更好"诗句意。

行楷对联（图2-49）：

护研小屏山缥缈；
摇风团扇月婵娟。

护砚台的小屏风面对缥缈的云岗，送清风的团扇好似秀美的圆月。集陆游《夏日感旧》诗句。

辰田熊书。

图2-49　行楷对联

十四、射鸭廊

行楷廊额（图 2-50）：

射鸭廊

图 2-50　射鸭廊

　　射鸭是古时斗鸭取乐的一种游戏，也是隐士闲逸生活的象征。

十五、藏书楼

　　藏书楼南北院内湖石峰峦起伏，可获崖栖庐山读书的雅趣（图 2-51）。

图 2-51　藏书楼北庭院

楼下行书匾额（图 2-52）：

五峰书屋

图 2-52　藏书楼匾（五峰书屋）

犹如坐落在庐山五老峰的书屋。

十六、园中园

门宕东砖额（图 2-53）：

潭西渔隐

图 2-53　潭西渔隐

池西的渔隐花圃，为南宋花园旧址。正楷。

门宕西砖额（图 2-54）：

真意

图 2-54　真意

"真意"，真正的自然意趣，欲待解说，却已忘了想说的言语。取东晋陶渊明《饮酒》诗"此中有真意，欲辩已忘言"句意。

1940年买下网师园的何澄撰书，楷书。何澄（1880—1946年），号亚农，山西灵石人，文物收藏家、鉴赏家。曾留学日本振武学堂、陆军士官学校。1905年参加同盟会，辛亥革命时曾任沪军都督府参谋长，1916年解甲住苏州。

主建筑匾额（图2-55）：

殿春簃

图2-55　殿春簃匾

"簃"为大屋边的小屋，"殿春"，芍药别名。额有跋曰："庭前隙地数弓，昔之芍药圃也。今约补壁以复旧观。光绪丙子四月香岩选记"。

清代李鸿裔撰书。行书。李鸿裔（1831—1885年），字眉生，号香岩，晚号苏邻。曾入曾国藩幕府，同治年间为网师园主。精书法，临摹魏晋碑铭无不神形毕肖。

对联（图2-56）：

巢安翡翠春云暖；
窗护芭蕉夜雨凉。

艳丽的翡翠鸟安居鸟巢，春云暖洋洋；阔叶的芭蕉掩映着窗户，夜雨凉飕飕。

清代何绍基撰书的写景联。行楷。

西侧配房匾额（图2-57）：

檀栾婵娟之室

"檀栾""婵娟"多指竹子美好貌。西晋左思《吴都赋》："檀栾婵娟，玉润碧鲜。"汉代枚乘《梁王菟园赋》："修竹檀栾，夹池水，旋菟园，并驰道。"

图 2-56　殿春簃内对联

图 2-57　西侧配房匾（檀栾婵娟之室）

　　此室曾是现代著名画家张善孖、张大千兄弟的画室（图2-58）。张大千在所绘《莫愁湖》上题有款识："此大涤子莫愁湖稿也。大千居士拟于网师园檀栾婵娟之室。"

图 2-58　画室陈设

庭院西壁砖刻（图 2-59）：

先仲兄所豢虎儿之墓

故去的二哥豢养的虎儿之墓。

款署"大千张爱题"。张大千（1899—1984 年），原名正权，后改名爰，小

图 2-59　"虎儿"墓碑（先仲兄所豢虎儿之墓）

名季，号季爰，早年曾出家于定惠寺百日之久，取法号大千。绘画大师，其画承前启后，为近百年来所未有。1949 年移居海外，曾居印度、中国香港、巴西、美国，20 世纪 70 年代后去台湾省台北市双溪"摩耶精舍"。

苏州市园林和绿化管理局 1986 年刊石以志，有跋语曰："大千居士昔年（1932）随兄善孖先生卜居斯园，大风堂人文荟萃，极一时之盛。善孖先生擅画虎，有虎痴之誉，尝饲一幼虎，号之虎儿。虎儿死后，即葬是处。事隔五十年，大千先生怀念旧居，寄情虎儿，为题墓碑，自台湾辗转遥寄苏州，故园之思，溢于言表。"

小亭隶书匾额（图 2-60）：

冷泉亭

图 2-60　冷泉亭

涧水寒澈。杭州飞来峰有冷泉亭位于涧水边，该亭靠涵碧泉，故借名以产生联想。亭中有一灵璧石（又名鹰石）（图 2-61）。

图 2-61　冷泉亭

小水潭篆书石刻（图 2-62）：

涵碧泉

图 2-62　涵碧泉

色如碧玉之泉。取宋代朱熹"一水方涵碧"诗句名之。

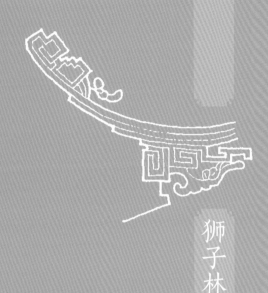

狮子林（元）

狮子林位于苏州城东北园林路，始建于元末（14 世纪），后历经兴废，清康熙年间（1662—1722 年），狮子林的寺庙部分和花园部分隔墙分开。

今狮子林面貌成于民国贝润生重建之时：前祠堂，后住宅，西部花园。占地面积约十五亩。

园林路入口·照墙

园林路入口砖额（图 3-1）：

师子林

图 3-1　园林路入口门宕（师子林）

"师子林"即禅宗临济宗寺院。"师子"为"狮子"的敬译，"狮子"为佛国神兽，佛教中比喻佛法如狮子吼，能使百兽脑裂，具有震慑一切外道邪说的神威。1953 年吕凤子书。吕凤子（1886—1959），书法篆、隶、行、草四体皆能，尤精行草、隶书。

唐僧怀海（720—814 年）始称"寺院"为"丛林"，旧说是取喻草木之不乱生乱长，表示其中有规矩法度云（《禅林宝训音义》）。一说众僧共住"如大树丛聚，是名为林"（《大智度论》）。"林"即"丛林"省称。

照墙南面砖额（图 3-2）：

狮子林

图 3-2 照墙砖刻（狮子林）

中国古代没有"狮"字，最早的文献中写作"师子"。梁武帝大同九年（543年），太学博士顾野王编撰的《玉篇》"犬"部中才出现了"狮"字。照墙砖额取自圆明园长春园狮子林，乾隆题字。

第一节

原祠堂

一、祠堂门厅

门额（图 3-3）：

狮子林

"狮子林"三个字为集乾隆字圃。乾隆即清高宗（1711—1799 年），爱新觉罗·弘历。乾隆栖情翰墨，刻意搜求历代书法名品，其书圆润秀发。大学士梁诗正等赞曰："皇上性契义爻，学贯仓史，每于万机之暇，深探八法之微。宝翰所

图 3-3　正门匾（狮子林）

垂，云章霞采，凤翥龙腾。综百氏而集其成，追二王而得其粹。又复品鉴精严，研究周悉，于诸家工拙真赝，如明镜之照，纤毫莫遁其形。仰识圣天子好古勤求，嘉惠来学，甄陶万世之心，有加无已。"

门宕砖刻（图 3-4、图 3-5）：

仰韩　　景范

图 3-4　仰韩　　　　　　　　　　图 3-5　景范

仰慕北宋名臣韩琦，敬慕北宋贤臣范仲淹。

二、祠堂大厅

匾额（图3-6）：

云林逸韵

图3-6　祠堂大厅匾（云林逸韵）

元代画家倪云林超众脱俗，潇洒风流。倪云林即元代"四大画家"之一的倪瓒（1301—1374年），初名珽，又名懒瓒，字泰宇，别字元镇，号云林子、幻霞子、荆蛮民等，江苏无锡人。明洪武六年（1373年）应如海方丈之请，为狮子林作图、诗各一。

顾廷龙楷书。

对联（图3-7）：

枕水小桥通鹤市；
森峰旧苑认狮林。

枕着流水的小桥通向鹤市坊，峰峦林立的旧苑认出狮子林。

图3-7　对联

萧劳撰书。萧劳（1896—1996年），原名禀原，字钟美、重梅，号萧斋、善忘翁，祖籍广东梅县。书法刚劲秀拔，婉媚中而寓金石味，自成一家。

章草抱柱联（图3-8）：

> 似黄道流星散落百座；
> 忆云林作稿点活五龙。

园中的太湖石假山石好像黄道周围的流星撒落人间成百座石峰，回忆当年倪云林画《狮子林图》，犹如将五龙点活。

王遽常撰书。王遽常（1900—1989年），字瑗仲，号明两，别号涤如、甪里翁、玉树堂主、欣欣老人，浙江嘉兴人。中国哲学史家、历史学家、著名书法家，汉隶章草皆擅，其章草书法艺术"博取古泽，冶之于章草之中，所作恢弘丕变，蔚为大观"。日本书法界则更称颂为"古有王羲之，今有王遽常"，推崇备至。

外廊门宕砖额（图3-9、图3-10）：

敦宗　睦族

图3-8 章草抱柱联

图3-9 敦宗

图3-10 睦族

"敦宗睦族"即"敦睦宗族"，互文见义，指大家族的人们应亲善和睦。语出《后汉书·独行传·缪肜》："弟及诸妇闻之，悉叩头谢罪，遂更为敦睦之行。"大厅原为贝氏祠堂第一进。

第二节

主厅

一、鸳鸯厅

洞门砖额（图3-11、图3-12）：

入胜　通幽

渐入佳境，通向幽胜之境界。"通幽"取唐代常建《题破山寺后禅院》诗中"竹径通幽处，禅房花木深"句意。

主厅匾额（图3-13）：

燕誉堂

宴客之堂。取《诗经·车辖》中"式燕且誉，好尔无射"句意。

款署"丙寅中秋后二日，毕诒策，年七十又四"。毕诒策，字勋阁，江苏太仓籍人，寓吴县（今苏州），乾隆状元毕沅（1730—1797年）裔孙，工书，善工笔花卉。

图3-11　入胜

图3-12　通幽

图 3-13　鸳鸯厅南厅匾（燕誉堂）

　　匾额下有《重修狮子林记》，民国十四年
（1925 年）三月贝仁元撰文，新安铁生朱鍊书。

　　楹联（图 3-14）：

　　具峰岚起伏之奇，晴云吐月，夕朝含晖。尘
劫几经年，胜地重新狮子座；
　　于觞咏流连而外，赡族承先，树人裕后。名
园今得主，高风不让谢公墩。

　　具有奇峰起伏、山气缭绕之奇，晴天白
云悠悠，夜晚月色吐晖，夕阳朝霞，峰石含
晖。岁月流逝多少年，胜地重新狮子林；在
此饮酒赋诗，玩赏风景之外，还要赡养族人
宗室，承继先人遗业，培养人才，造福后人。
名园今天得到了真正的主人，高尚风雅不减
当年谢公墩的主人谢安。

　　孙宝琦应园主贝润生先生之嘱，撰书于
1923 年。孙宝琦（1867—1931 年），字幕韩，
浙江杭州人。山东巡抚、北京政府国务总理。

　　北厅匾额（图 3-15）：

图 3-14　楹联

图 3-15　鸳鸯厅北厅匾（绿玉青瑶之馆）

似翠绿色美玉之馆。源出倪瓒"绿玉青瑶缭复萦"诗句，形容"绿水"。
吴进贤书额。

厅南门宕砖额（图 3-16、图 3-17）：

听香　读画

图 3-16　听香　　　　　　　　　　图 3-17　读画

"听香"，闻香气，据道佛两家的"通感"之说；"读画"，观画的雅称，此
谓观赏天然画本。

厅北门宕砖额（图 3-18、图 3-19）：

幽观　胜赏

观赏幽深美丽的景色，尽情观赏美景。

图 3-18　幽观

图 3-19　胜赏

二、半亭

对联（图 3-20）：

> 狮子窟中岚翠合；
> 细林仙馆鹤书频。

狮形石峰的大孔小穴中吐纳的岚云与翠色紧紧融合，细雨润泽的山林仙馆中征贤的鹤头书信频频传来。出句取明人王士禛《雨夜宿圣恩寺还元阁》诗句。

张茂炯题，瓦翁书。

三、小方厅

对联之一（图 3-21）：

图 3-20　半亭内对联

石品洞天，标题海岳；

钟闻古寺，境接嫏嬛。

狮子林（元）

图 3-21　小方厅内对联之一

众石叠成洞天福地，宋代米芾标识题记；古寺传来进斋钟声，境接嫏嬛仙境。

款署"狮子林主人修葺是园，垂十七年矣，今夏胜地重游，布置更臻完备，为书此联，以志欣奉。乙亥六月寄龕钱经铭识。"钱经铭，字寄龕，一生浸沉碑版，尤笃好石鼓，与吴昌硕、王一亭相友善。钱氏用笔恣肆遒劲，风神流丽。

对联之二（图 3-22）：

红药当阶越鄂相辉堆绣被；

青峰架石郁林遥望迳归舟。

芍药花在阶前翻动，色彩绚烂，就如当年鄂君举起覆盖越女的绣被；青峰架在石上，好似汉代郁林太守回乡时镇船的廉石。

出句用南齐谢朓《直中书省》诗曰："红药当阶翻，苍苔依砌上。""堆绣被"，典出汉代刘向《说

图 3-22　对联之二

苑·善说》"鄂君被"；对句用陆绩"廉石"之典。

款署"狮子林厅壁乙亥嘉平敬题，彭谷孙谡并书"。

北庭院东门宕砖额（图 3-23）：

宜家受福

图 3-23 宜家受福

"宜家受福"，家庭和睦，共享大福。见《诗经·桃夭》："之子于归，宜其家室。"

东廊门宕砖额（图 3-24、图 3-25）：

息庐　安隐

舒适的休憩之所，安静的隐居之地。此乃通向住宅之廊。

图 3-24 息庐　　　　图 3-25 安隐

四、打盹亭

园主坐禅悟性之处（图 3-26）。

图 3-26　打盹亭

匾额（图 3-27）：

打盹亭

图 3-27　匾额（打盹亭）

"打盹"乃半睡半醒的样子，实际上是一种"禅定"状态。以"禅定"方式进行直觉观照与沉思冥想，观照的对象是自己的心灵，所以又称"对照"亭。

沈蓓蓓书。沈蓓蓓，1947年生，苏州人，师从著名书法家吴进贤和李保钧两位先生。擅长行楷，线条流畅，潇洒飘逸，清新秀丽。

对联（图3-28）：

> 楼台金碧将军画；
> 水木清华仆射诗。①

亭台楼阁金碧辉煌，就如唐代的大小李将军的青绿山水画一样；水木明瑟，好似东晋末年谢混仆射的山水诗。

西侧海棠式地穴砖额（图3-29、图3-30）：

涉趣 探幽

"涉趣"，园林日涉成趣，为陶渊明《归去来兮辞》中"园日涉以成趣"的缩语。"探幽"，探寻幽胜。

图3-28 对联

图3-29 涉趣

图3-30 探幽

① 此联原位于古五松园东半亭，今挂于打盹亭内，对联内容与打盹亭意境不合。

第三节

花园

一、花园正厅

楼下匾额（图 3-31）：

揖峰指柏

图 3-31　揖峰指柏

"揖峰"，拱手礼对奇峰，取宋代米芾见石峰作揖典故；"指柏"，取"赵州指柏"的公案故事，言此亦为禅僧讲公案、斗机锋的场所。轩前假山上古柏数株，轩内屏风正面挂"寿柏图"。

王同愈书额。跋曰："奇礓崷岉，虬干蓊蓊，翘焉秀异，粲乎庭所，汇今昔之品题，为一园之眉目，命名主旨，其在斯乎？羁丱游钓，耄耋署榻，藏识变现，盖有缘已。戊辰正月王同愈书，时年七十四。"

王同愈（1856—1941 年），字文若，号胜之，又号栩缘，江苏元和人，晚清民国年间著名学者、藏书家、书画家、文博鉴赏家。光绪十五年（1889 年）进士，后为江西学政、顺天乡试考官、湖北学政。曾与张謇等主持江苏省铁路事宜。辛亥革命时，隐居上海。晚年定居嘉定。其书画篆刻皆工。

对联之一（图 3-32）：

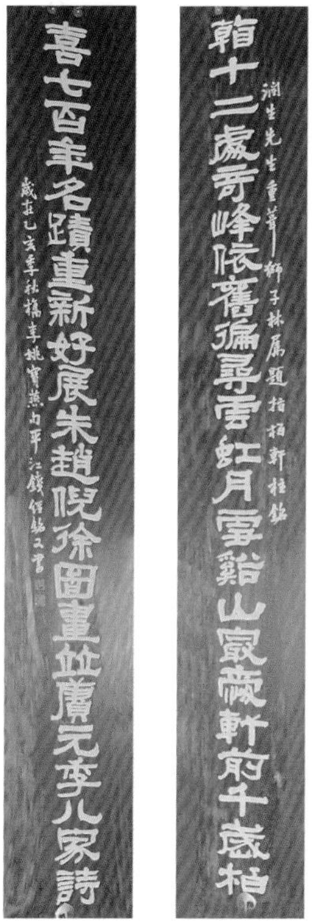

看十二处奇峰依旧，遍寻云虹月雪溪山，最爱轩前千岁柏；
喜七百年名迹重新，好展朱赵倪徐图画，并赓元季八家诗。

图 3-32　对联之一

看十二处奇峰叠石依然如旧，遍寻晴云峰、吐月峰、虹形桥、雪堂小溪山，最爱轩前千年古柏；

喜七百年名胜古迹修葺一新，展示朱德润、赵善长、倪瓒、徐幼文古画本，并继元末高启等八家诗意。

款署"润生先生重葺狮子林属题指柏轩柱铭，岁在乙亥季秋檇李姚宝燕句，平江钱经铭又书"。钱经铭，字寄盦。江苏无锡人，与吴昌硕、王一亭交好。钱氏用笔恣肆遒健，风神流丽。

对联之二（图3-33）：

丘壑现奇观，古往今来，世居娄水。历数吴宫花草：顾辟疆、刘寒碧、徐拙政、宋网师，屈指细评量，大好楼台夸茂苑；

溪堂识真趣，地杰人灵，家学夋山。缅怀元代林园：前鹤市、后鸿城、近鸡陂、远虎丘，迎晔纵登眺，自然风月胜沧浪。

图3-33 对联之二

丘壑呈现出奇观，古往今来，世居娄水之滨。列举姑苏城的花苑楼台，有东晋顾辟疆的辟疆园、清代刘蓉峰的寒碧山庄（留园）、明代徐少泉的拙政园、清代宋宗元的网师园，弯起手指细细评论掂量，狮子林的大好楼台足可夸耀于苏州；从溪水厅堂中领悟到园林真趣，此地人杰地灵，家藏名山，缅怀这创建于元代的园林，前临鹤市，后临鸿城，近处有鸡陂，远望可见虎丘，登高极目眺望，自然风光胜过沧浪亭。

狮子林旧联，柳北野重撰。柳北野（1912—1986年），浙江宁波人，名璋，字北野，号芥藏楼主、江南五铁等。其篆刻早年师承秦汉，以后博采众长，融入吴缶翁风格。

轩西后廊砖额（图3-34）：

怡颜悦话

"怡颜""悦话"，是陶渊明《归去来兮辞》中"眄庭柯以怡颜""悦亲戚之情话"的缩语：闲视庭院中的树木喜形于色，喜欢亲戚朋友的话语。

轩东后廊砖额（图3-35）：

留步养机

停下脚步，培养创作的冲动和灵感。

图 3-34　怡颜悦话

图 3-35　留步养机

二楼匾额（图 3-36）：

一峰独秀

图 3-36　一峰独秀

取意宋代朱熹《百丈山记》中"前揖芦山，一峰独秀出。"向芦山作揖，有一峰特别秀丽。

周谷城题于1984年，周谷城（1898—1996年），湖南益阳人，博综古今中外，对史学、哲学、美学、逻辑学、政治学、社会学和教育学等均有精深的研究。

二、小楼

匾额（图3-37）：

见山楼

图3-37　见山楼

可以悠闲自在地观赏苍山的楼阁（图3-38）。取东晋陶渊明《饮酒》诗中"采菊东篱下，悠然见南山"句意。

款署"甲申仲冬卧云旧主"，钱培鑫2004年书。

三、禅室

禅室原为寺庙僧侣静坐敛心之处，四周环以酷似群狮起舞的峰峦叠石，创造"人道我居城市里，我疑身在万山中"的神秘意境（图3-39）。

图3-38　见山楼

图 3-39　禅室

匾额（图 3-40）：

卧云室

安卧在峰石间的禅室。取金元好问《题张左丞家范宽〈秋山〉横幅》"何时卧云身，团茅遂疏懒"诗句意。

程德全书额。程德全（1860—1930年），字纯如，号雪楼、本良，重庆市云阳县人，曾担任清朝奉天巡抚、江苏巡抚，辛亥革命中"反正"加入革命军，任江苏都督、南京临时政府内务总长等职务，后退出政坛隐居上海。

图 3-40　卧云室

对联（图 3-40）：

> 吴会名园此第一；
> 云林画本旧无双。

苏州名园数这为第一，倪云林的画本古来无匹。
萧澍霖书联。萧澍霖，晚清钱塘人。

四、修竹阁

旧时狮子林以竹子为主，营造佛禅氛围，今阁旁仍有丛竹摇曳，旧时风貌依稀可见（图 3-41）。

图 3-41 修竹阁

匾额（图 3-42）：

修竹阁

庭列修竹之阁。

款署"乙丑初夏包谦六篆"。包谦六（1906—2007 年），字吉庵，南通人，著名学者、诗人、书法家。精诗词，工书法，长期寓居上海。

狮子林（元）

图 3-42　修竹阁

砖刻（图 3-43、图 3-44）：

飞阁　通波

图 3-43　飞阁

图 3-44　通波

"飞阁",高阁;"通波",通流水。陆机《吴趋行》咏苏州城西阊门城楼之高耸及跨水之雄姿曰:"昌门何峨峨,飞阁跨通波。"

对联(图 3-45):

> 独倚修竹相期谁来;
> 闲看浮云所思不远。

独自倚着修竹与谁相约在何时呢?悠闲地看着天上的浮云,所想的并不遥远。

款署"江上王西野撰,南通包谦六书,乙丑初夏"。

图 3-45 对联

五、古五松园

匾额(图 3-46):

古五松园

图 3-46 古五松园

园内旧有五棵森梢峻节的古松,狮子林曾名"五松园"。

款署"南汇百一岁苏局仙"。苏局仙(1882—1991 年),江苏南汇人(今属上海市)。字裕国,室名东湖山庄、水石居、寥莪居。清代末科(1906 年)秀才。长期从事教育工作。工诗及书法。早年写柳、颜楷书,后专攻王羲之《兰亭序》。在书法界,登上了"北孙(墨佛)南苏(局仙)"的高峰。

对联（图 3-47）：

相赏有松石间意；
望之若神仙中人。

仔细观赏能领悟到松林泉石的真意，望此美景仿佛成了神仙中的人物。出句典出《南史》卷十八《萧思话传》，对句典出颜真卿书《东方朔画像赞》。

款署"云门桂复"。桂馥（1736—1805 年），字冬卉，一字未谷，号云门，又号渎井复民。山东曲阜人。清乾隆五十五年（1790 年）进士，《墨林今话》云："遂于金石考据之学。翁方纲、阮元极推之。篆刻、汉隶雅负盛名。"其隶书结字工稳平实，尽得汉隶风神。

月洞门宕砖额（图 3-48）：

得其环中

灵空超脱无是无非的境界。出自《庄子·齐物论》："彼是莫得其偶，谓之道枢。枢始得其环中，以应无穷。"唐代司空图《二十四诗品·雄浑》用来借喻灵空超脱的境界。

图 3-47　对联

图 3-48　得其环中

前廊门宕砖额（图 3-49、图 3-50）：

桂馥　兰芬

兰桂芳香，德泽长留，喻指品格高洁，亦以称颂后嗣之昌盛。

图 3-49　桂馥

图 3-50　兰芬

图 3-51　听雨楼藏帖

后廊书条石（石鼓文字）（图 3-51）：

听雨楼藏帖

狮子林"听雨楼藏帖"有七十余方。

此吴昌硕题。吴昌硕（1844—1927 年），初名俊，又名俊卿，字昌硕，别号缶庐、大龙、苦铁等，晚年自称吴字。浙江安吉人。中国近、现代书画艺术发展过渡时期的关键人物，"诗、书、画、印"四绝的一代宗师，晚清民国时期著名国画家、书法家、篆刻家，"后海派"代表。与厉良玉、赵之谦并称"新浙派"的三位代表人物，与任伯年、赵之谦、虚谷合称为"清末海派四大家"。

六、花篮厅

花篮厅临水而筑，前有露台，和假山隔池相望，原为荷花厅，毁于 1968 年，今系移建，结构装饰别致（图 3-52）。

匾额（图 3-53）：

水殿风来

殿，指堂室，水殿，水边之屋。临水的堂室吹来阵阵清香。

款署"癸亥夏日芗研吴炳元"，吴炳元为吴昌硕亲戚。

图 3-52　花篮厅

图 3-53　水壂风来

狮
子
林
（
元
）

对联（图 3-54）：

尘世阅沧桑，问昔年翠辇经过，

　　石不能言，叠嶂奇峰还似旧；

清谈祇风月，于此地碧筒酣饮，

　　花应解语，凌波出水共争妍。

尘世已经历了沧桑变化，寻觅往年乾隆皇帝经过此地时的遗迹，唯见石峰奇秀，虽不能言趣无穷，叠嶂奇峰一仍往年；只宜清谈那风花雪月、四时景色，夏日里，文人们在此地用碧筒杯欢饮畅聚，花似理解人的心语似仙女踩着水波竞相争妍。

款署"癸亥七月既望芗研吴炳元"。

图 3-54　对联

七、真趣亭

真趣亭雕梁画栋、金碧辉煌，显示出与私家园林截然不同的皇家气派，亭四周景色如画（图 3-55）。

图 3-55　真趣亭

匾额（图 3-56）：

真趣

图 3-56　真趣

悟得山林真正意趣。取宋代王禹偁《北楼感事》诗"忘机得真趣，怀古生远思"之意。乾隆御书。

对联（图 3-57）：

浩劫空踪，畸人独远；
园居日涉，来者可追。

经过长时间的劫难留下空虚之踪影，性情奇特的人独自离远了；居住在园里每天散步自成乐趣，知道未来的事情还来得及补救。

上款："润生先生有道重修真趣亭，命撰楹帖，即希是正，狮林自咸丰庚申劫后六十余年，今始修复。此真趣亭联采司空《诗品》、靖节《归来辞》。"

下款"著雍执徐岁九秋云盦吴荫培，分诠之纪往迹慰后人也。是岁嘉平月朔，平江遗民荫培又识"。

图 3-57　对联

吴荫培（1851—1930年），字树百，号颖芝、云盦，江苏苏州府吴县人。清光绪十六年（1890年）庚寅科吴鲁榜进士第三人（探花）。辛亥革命后，吴荫培回到苏州，服务桑梓，热心公益，先后募集款项，设男女两厂安置贫民；捐资创立吴中保墓会，使众多文物古迹得以保护。

八、石舫

对联（图3-58）：

柳絮池塘春暖；
藕花风露霄凉。

池岸柳絮飞飞，塘畔嫩草青青，春意暖融融；一池荷花发清香，满天风露待日晞，天空凉爽爽。颇有晏殊《寓意》"梨花院落溶溶月，柳絮池塘淡淡风"的高雅闲淡诗意。

原沈进颀书，2000年重制，李大鹏补书。李大鹏，字景仰，安徽合肥人，1942年生于苏州。书风洒脱泼辣，集劲秀妍雅于一体，注重传统，讲究线条的准确、洁净，视点画为书道的情性精粹但并不排斥"现代书法"和"日本假名书法"。

图3-58 对联

九、观瀑亭

观瀑亭因亭中可见瀑布而名，又因筑于水面，俗称湖心亭（图3-59）。

匾额（图3-60）：

观瀑

在湖心亭上正好可以观赏西部土山上的人造瀑布。

铁生朱錬书额。

图 3-59　湖心亭

图 3-60　观瀑

对联（图 3-61）：

晓风柳岸春先到；
夏日荷花午不知。

　　杨柳满岸，晓风轻拂，春来了；夏日，荷花映日、色香醉人，微风吹拂，此时此景你也许难以知道，真是妙不可言。联语从黄庭坚《新竹》诗"清风掠地秋先到，赤日行天午不知"脱化而出。

　　原为李维源书，1983 年由吕贞白补书。吕贞白（1907—1984 年），本名传元，字贞白，后以字行，又字伯子，江西九江人，寄居上海。诗词名家，教授。

十、暗香疏影楼

匾额（图 3-62）：

暗香疏影

　　梅花清幽的香气疏朗的枝影，取自宋代林逋《山园小梅》诗之一中"疏影横斜水清浅，暗香浮动月黄昏"诗意。

图 3-61　对联

图 3-62　暗香疏影

　　款署"非闇"，非闇，即花鸟画家于照。于照（1881—1959 年），字非厂，别署非闇，又号闲人，山东蓬莱人，久居北京。1935 年起专攻工笔花鸟画。1943 年后任北平古物陈列所附设国画研究馆导师。此为集字额。

十一、飞瀑亭

飞瀑亭因亭南有人造瀑布而名，位于西部假山之巅（图3-63）。

图 3-63　飞瀑亭

匾额（图 3-64）：

听涛

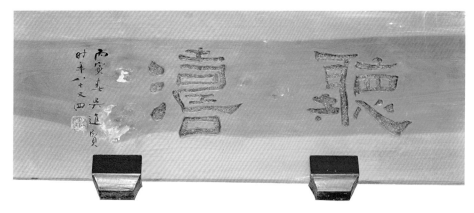

图 3-64　飞瀑亭匾（听涛）

可听水涛发出的声响。吴进贤书额。

亭中楠木屏门正面上方刻《飞瀑亭记》，吴县汪远焘撰并书。下面从北到南依次刻有杏林春暖、荷净纳凉、东篱佳色、山家清供四幅图案。

十二、问梅阁

问梅阁位于西部假山上，阁前种有梅树，阁内桌椅为梅花形制，陈列梅花有关的书画等（图3-65）。

图3-65　问梅阁

匾额：

问梅阁[①]

"问梅"融二意：一指阁前之"卧龙"梅，取自唐代王维《杂诗》："君自故乡来，应知故乡事；来日绮窗前，寒梅著花未？"诗意。

二指马祖道一禅师的弟子大梅法常禅师，用马祖问梅、赞"梅子熟了"这则禅宗公案故事，即谓大梅法常对"非心非佛"和"即心即佛"不二之理已经了悟。见《五灯会元》卷三。

阁横额（图3-66）：

绮窗春讯

镂花的窗户外春梅初放，传来了春的信息。取自王维《杂诗》"来日绮窗前，寒梅著花未？"句诗意。

款署"甲子春日朱修爵"。

---

① "问梅阁"匾已佚。

狮子林（元）

图 3-66 绮窗春讯

对联（图 3-67）：

高隐成图，息壤偕盟马文壁；
名园涉趣，清诗重和蒋心余。

　　高尚的隐士绘成狮子林图，与名画家马文壁信誓盟约；每日漫步在这吴下名园，自成乐趣，可以用清淡高雅的诗句重新和蒋心余的诗句了。

　　上款：润生先生属题狮子林，两语均用君家故事。

　　下款：乙丑季冬费树蔚撰句，苏寿成书。

　　费树蔚（1883—1935 年）撰，苏寿成书。费氏号韦斋，吴江同里人，曾官河南州牧，袁世凯时任肃政使，后归隐桃花坞，善诗词，著有《西斋诗稿》。

图 3-67　对联

十三、双香仙馆

双香仙馆实际为一廊亭，位于问梅阁南、水池西，馆侧有梅，馆前池中有荷（图 3-68）。

图 3-68　双香仙馆

匾额（图3-69）：

双香仙馆

图3-69　匾额（双香仙馆）

"双香"，梅莲并香。

谭以文书，谭以文，别署颖闻，号稼穑草堂、心耕簃主人，1956年生于山东省滕州市。幼承庭训，随父学书，后师从费新我先生。1982年为中国书法家协会会员，1986年当选为江苏省青年书法家协会主席，1995年当选为苏州市书法家协会副主席。现为苏州国画院国家一级美术师、南京博物院特聘画师。

十四、扇亭

扇亭建在墙廊转角处，为知名画家刘临川所构划，亭切角成弧，靠墙植芭蕉、竹石，三伏戌时（晚上七时后）西风起，因回风缘故，扇亭中风声大作，蕉竹和曲，亭景、亭名、亭内装饰丝丝入扣（图3-70）。

图3-70　扇亭

匾额（图 3-71）：

扇亭

图 3-71　匾额（扇亭）

折扇形亭，因折扇渊源于蝙蝠扇，故折扇有福、善等意义。

款署"乙丑仲夏刘惜闇"。刘惜闇（1909—2003 年），原名称，字酉棣，又名以坊，号戍庵。慈溪洪塘（今属宁波市江北区）人。能诗善书，师事钱罕（太希）。《四明书画家传》称其"凡秦汉古篆籀、六朝南北碑无不悉心临摹，深得其妙。尤擅行书，远宗王羲之，近师梅调鼎，挺拔秀丽，兼工篆刻。"

对联（图 3-72）：

相逢柳色还青眼；
坐听松声起碧涛。[①]

看到嫩绿色的柳色还以喜爱的眼光，静坐听着风吹松林的声音，看着松枝翻动起伏掀起碧绿的波涛。出句取宋代何梦桂《和张按察秋山二首·赋孤

图 3-72　对联

[①] 此联原为君子对，悬于亭内，现改为抱柱联，挂于亭外。

山》诗："相逢柳色还青眼，说着梅花总白头。"对句取宋末诗人林景熙《王监簿南墅新楼落成》诗句"卷帘最爱南山近，坐听松声起碧涛"意。

清代俞樾书联。

十五、文天祥诗碑亭

匾额（图3-73）：

正气凛然

刚正之气威严不可侵犯。亭额是对状元英雄文天祥民族气节的高度颂扬。碑上刻有文天祥狂草手迹《梅花诗》一首："静虚群动息，身雅一心清；春色凭谁记，梅花插座瓶。"

图3-73 文天祥诗碑亭匾（正气凛然）

款署"癸丑中秋喻蘅"。喻蘅（1922—2012 年），字老木，晚号邯翁，江苏兴化人。复旦大学教授，著名历史学家，上海画院特聘画师，工书法，尤善诗词，是集诗、书、画、印于一体之名流，龙榆生、吕贞白门下大弟子。

十六、御诗碑亭

匾额（图 3-74）：

凝晖

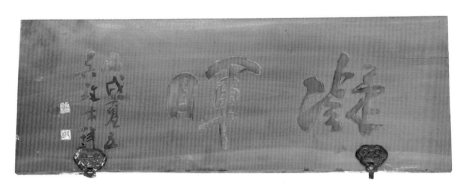

图 3-74　御诗碑亭匾（凝晖）

凝聚朝晖。吴敤木书。

亭内碑刻乾隆二巡江南狮林寺时所题五言诗《游狮子林》（图 3-75）："早知狮子林，传自倪高士。疑其藏幽谷，而宛居闹市。肯构惜无人，久属他氏矣。手迹藏石渠，不亡赖有此。讵可失目前，大吏称未饰。未饰乃本然，益当寻屐齿。假山似真山，仙凡异尺咫。松挂千岁藤，池贮五湖水。小亭真一笠，矮屋肩可椅。缅五百年前，良朋此萃止。浇花供佛钵，瀹茗谈元髓。未拟泉石寿，泉石况半毁。西望寒泉山，赵氏遗旧址。亭台乃一新，高下焕朱紫。何幸何不幸，谁为剖其旨。似觉凡夫云，惭愧云林子。"

图 3-75　乾隆诗碑

立雪堂原为传法之所，坐东朝西，取"祖师西来意"。立雪堂西侧庭院内有"狮子""三脚金蟾""牛吃蟹""琴台"等假山石小品（图3-76）。

图3-76　立雪堂庭院

匾额（图3-77）：

立雪

伫立雪中，求法至诚。取自唐代方干《赠江南僧》"继后传衣钵，还须立雪中"诗意。禅宗受儒家游杨"程门立雪"故事启发，言慧可初次参见菩提达摩之至诚。本故事载《景德传灯录》。

匾额有长跋曰："斯园旧有立雪堂，其命名之义是否采游杨故事，未可臆测。自经旷废，其中楼台亭馆俱为蔓草荒烟，基础无存，难寻旧址矣，今狮林主人重加修葺，凡旧时建筑，如真趣厅、卧云室、指柏轩、问梅阁诸胜，既次第修复，更于东南隅卜筑数楹，署曰'立雪'，虽栋宇维新而名称循旧。园中胜迹，靡不废而复兴后之游览者当勿生今昔之感欤！丙寅孟冬之月中游署额，既竟并识数语云，汀州峻斋伊立勋，时年七十有一。"

伊立勋（1856—1942年），字熙绩，号峻斋、石琴，别署石琴老人、石琴馆主，福建宁化人。伊秉绶后人。出宁化伊氏家族，清代大书家伊秉绶之曾孙伊象潮之子，曾做过无锡知县，直隶州知州，四品衔补用知府。民国时期寓居上海，鬻书为生。伊立勋喜篆刻，书法四体皆精，隶书继承其祖遗风，渊雅古朴，意态从容，于严整、简净中显机趣。

图 3-77　立雪

对联（图 3-78）：

苍松翠竹真佳客；
明月清风是故人。

苍松翠竹是真正的佳客，明月清风是故交老友。唐寅集元胡天游《绝句》诗联。

原为唐寅书，1985 年邓云乡补书。款署"乙丑春月重书明代唐解元旧联京兆邓云乡"，唐解元即明代的唐寅（1470—1523 年），字伯虎，又字子畏，晚年号六如居士。

图 3-78　对联

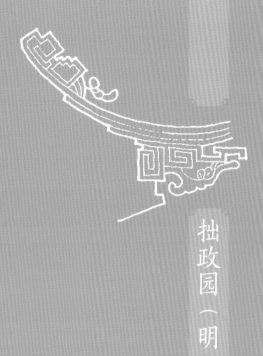

拙政园（明）

　　拙政园为中国的四大名园之一。明代王献臣在三国郁林太守陆绩、东晋高士戴颙、晚唐诗人陆龟蒙、宋胡稷言等名人故宅旧址筑园，后屡更二十多园主。现全园包括中部（拙政园）、西部（旧"补园"）、东部（原"归田园居"）三个部分，位于住宅北侧，占地约有六十二亩（花园部分）。住宅坐落在园的南面，分东、西两个部分。西部住宅及义庄今为苏州博物馆。

旧园门·新大门

隶书砖额（图4-1、图4-2）：

拙政园

图4-1　旧园门砖额（拙政园）

　　"拙"者从政之园。"拙"，不善在官场中周旋，守朴坚持本真，为陶渊明"守拙归园田"之"拙"。明代王献臣失意回乡，取潘岳《闲居赋·序》中所说的"灌园鬻蔬""牧羊酤酪"，"此亦拙者之为政也"句意名园。视浇花种菜、养羊取奶为自己的政事，实喻信守葆真，不同流合污之志，亦含自我解嘲、超然物外之意。

图 4-2　新大门

　　新大门作牌坊式，建于东花园南，正中门宕复制旧园门砖额，隶书贴金，东西门宕砖刻"淡泊""疏朗"，恬淡寡欲、淡雅清朗之意。新大门通往东花园的左右园洞门砖刻"入胜""通幽"，渐入佳景、通向幽胜之意，指示性题咏（图 4-3）。

图 4-3　东花园入口

第一节

东部住宅

一、一字形照墙

砖刻（图4-4）：

迎祥

迎来吉祥。

二、轿厅门楼

砖刻（图4-5）：

基德有常

立德有准则、常规。《易经·系辞下》："履，德之基也。"《左传·襄公二十四年》："德，国家之基也。"

图4-4　一字形照墙砖刻（迎祥）

图4-5　轿厅门楼（基德有常）

三、大厅门楼

砖刻（图4-6）：

清芬奕叶

图4-6　大厅门楼（清芬奕叶）

世代德行高洁。"清芬"，比喻德行高洁，"奕叶"，表示累世。款署"康熙辛丑仲秋，东皋鲍开书"。鲍开，字东皋，生平不详，清康熙六十年（1721年）书写此额。

四、第三至第四进庭院

东月洞门砖刻（图4-7、图4-8）：

延月　惠圃

延请明月，香草之苑。

西月洞门砖刻（图4-9）：

梳风

调理清风。宋代王十朋《郡圃无海棠买数根植之》诗："半含欲吐不胜情，沐露梳风睡明月。"

图 4-7　延月

图 4-8　惠圃

图 4-9 梳风

五、鸳鸯花篮厅

东西砖额（图 4-10、图 4-11）：

春古 雪晴

"春古"，春意永恒。"雪晴"即"雪霁"。纷纷扬扬的白雪停了。

图 4-10 春古

图 4-11 雪晴

东园·归田园居 [①]

一、兰雪堂

兰雪堂为20世纪50年代末按归田园居堂构名复建，今堂中南面置漆雕《拙政园全景图》，北向为吴救木《翠竹图》。堂北有缀云峰（"云缀树杪"之峰）、联壁峰（"两峰并峙，如掌如帆"）。

行楷匾额（图4-12）：

兰雪堂

图4-12　兰雪堂

清香高洁之堂。取唐代李白《别鲁颂》"独立天地间，清风洒兰雪"诗意。

款署"朱彝尊书"。朱彝尊（1629—1709年），字锡鬯，号竹垞，晚号小长芦钓鱼师，又号金风亭长。浙江秀水（今嘉兴市）人。康熙十八年（1679年），以布衣应博学鸿词考试，官翰林院检讨，参与纂修《明史》。博学多才，诗、词、文并工，为浙西词派领袖，与陈维崧并称"朱陈"。

行草对联（图4-13）：

此地是归田故址，当日朋侪高会、诗酒留连，
犹余一树琼瑶，想见旧时月色；
斯园乃吴下名区，于今花木扶疏、楼台掩映，
试看万方裙屐，尽占盛世春光。

此地是明代归田园居故址，想当初高朋满座，胜友如云，饮酒赋诗，留连忘返，如今尚留一树怒放的梅花，令人遥想见旧时明月的朗照；该园居吴中名区，今天花木扶疏，楼台掩映，试看来自八方修饰华美的游客，他们都尽情沐浴着盛世明媚的春光。

款署"丙寅春日夷斋钱定一并书于北云楼"。钱定一（1915—2010年），原名人平，字夷斋，又字斯万，号五凤砚斋主人、壮云楼主，江苏常熟人。苏州美术专科学校国画系教授。工艺美术大师。擅长国画、装潢美术、诗词、美术史研究。

二、水榭

水榭面临广池，池中植荷，池北堤岸边，植有多株木芙蓉，夏秋，"水莲花尽木莲开"（图4-14）。

图4-13　行草对联

图4-14　芙蓉榭

匾额（图 4-15）：

芙蓉榭

图 4-15　水榭匾（芙蓉榭）

"芙蓉"即荷花，芙蓉榭，荷花榭。楷体。

篆书对联（图 4-16）：

绿香红舞贴水芙蕖增美景；
月缕云裁名园阇榭见新姿。

红花绿叶风飘远香，贴水莲花增添了美景；剪裁云月，修葺园池，台榭显出全新的风姿。

上款署："拙政园素以赏荷称著，芙蓉榭之名，乃文徵明记中题名。"下款署："丙子仲夏江阴王西野撰，四明周退密书"。

王西野撰，周退密书。周退密，1914年出生。浙江余姚人，上海文史馆员、诗人、书法家，工诗词、擅翰墨。

三、天泉亭

匾额（图 4-17）：

天泉

天赐之泉。此井相传为元代大弘寺东斋遗物，终年不涸，水质甘甜。楷体。

图 4-16　篆书对联

拙政园（明）

图 4-17　天泉

四、秫香馆

匾额（图 4-18）：

秫香馆

图 4-18　秫香馆

稻谷飘香的馆所。王心一《归田园居记》："折北为秫香楼，楼可四望，每当夏秋之交，家田种秫，皆在望中。"此馆地近北半园，墙外皆为农田，丰收季节，秋风送来一阵阵稻谷的清香。楷体。

对联（图 4-19）：

此地秫花多说部曹雪芹记稻香村虚构岂能夺席；
四时园景好诗家范成大有杂兴作高吟如导先声。

像这里秫花飘香之景，被很多小说所描写，清代曹雪芹《红楼梦》中的"稻香村"就是一例，但虚构的景色怎能替代真正的实景？一年四季的园景可成为诗歌创作的最佳题材，宋代的田园诗人范成大当年写下的六十首《四时田园杂兴》诗，高唱春夏秋冬田园风景，如导四季歌的先声。

钱仲联撰书。行书。钱仲联（1908—2003 年），原名萼孙，号梦苕，浙江湖州人，生于常熟虞山镇。

图 4-19　对联

著名诗人、词人、古典文学研究专家，为博闻强识"百科全书"式的鸿儒，足可与王国维、马一浮、陈寅恪、钱穆、钱钟书诸家比肩的国学大师。

五、土山亭

秫香馆南面为曲水萦围的土山岛，山巅有亭，沿用"归田园居"旧名（图4-20）。

图4-20　土山巅放眼亭

匾额（图4-21）：

放眼亭

放开眼光看山水，此亭位置适宜远眺。取唐代白居易《醉吟先生传》"放眼看青山"诗句意。仿文徵明体。

图4-21　放眼亭

匾额（图 4-22）：

涵青

图 4-22　半亭匾（涵青）

"涵青"，蕴含青草之色。取唐代储光羲《同张侍御鼎和京兆萧兵曹华岁晚南园》诗中"池涵青草色"诗句意。亭前一方清池，碧水盈盈，萍藻浮翠，皆是青草色（图 4-23）。

仿文徵明体。

图 4-23　池涵青草色

第三节

中部·拙政园

一、原拙政园山水园入口

夹弄内二道门砖刻（图 4-24）：

得山水趣

图 4-24　得山水趣

得山水之趣，透露若干山水信息，引发寻幽探芳的兴趣。隶书。

夹弄内三道门砖刻（图 4-25）：

规模式焕

图 4-25　规模式焕

格局一新之意，"规模"，此指规格布局，"式焕"，光明。"式"，发语词。
正楷。款署"光绪丁亥八月""同人重修"。

腰门匾额（图 4-26）：

拙政园

图 4-26　腰门匾（拙政园）

今挂腰门匾额为贴金隶书。原额为行书，后附长跋，已佚。

腰门内东西甬道砖刻（图 4-27、图 4-28）：

左通　右达

左通、右达，互文见义，左右通达。指示性题咏，隶书。

图 4-27　左通　　　　　　　　　　　　　　　　　图 4-28　右达

二、依廊东半亭

匾额（图 4-29）：

倚虹

图 4-29　倚虹亭匾

　　半倚卧虹。亭倚于分割东部和中部的蜿蜒复廊上，取宋代程俱《雨霁行西湖》"长堤如卧虹"意。隶书。

亭外檐额（图 4-30）：

鹅

图 4-30　鹅

据传，因中部水池呈鹅的形状，故云"鹅"，今匾无落款。原额行草，款署"北平翁方纲"，已佚。

对联（图 4-31）：

婆娑青凤舞松柏；

缥缈丹霞聚偓佺。

青色的凤鸟在盘旋飞翔，松柏舞动着枝条；红色的霞光缥缈绚烂，仙人们聚集在南檐。出句取宋代王拱辰《耆英会诗》诗句，对句取宋代薛田《成都书事百韵》诗句。

联行书，无落款。原联行楷，款署"梦楼王文治"，已佚。

三、听雨轩

匾额（图 4-32）：

听雨轩

静听潇潇细雨之轩。取意南唐李中《赠胸山杨宰》"听雨入秋竹"诗意。听雨轩四周一泓池水，几丛芭蕉，雨时得天籁之音，别有意境。

隶书，无落款。

图 4-31 对联

图 4-32 听雨轩

四、海棠春坞

书卷形砖额（图 4-33）：

海棠春坞

图 4-33　海棠春坞

海棠满园，春意烂漫。庭前垂丝海棠两株，铺地海棠纹映衬。砖刻楷书。

五、枇杷园

圆洞门宕砖额（图 4-34、图 4-35）：

枇杷园　晚翠

图 4-34　枇杷园　　　　图 4-35　晚翠

枇杷之园，取意南宋戴复古《初夏游张园》"摘尽枇杷一树金"诗意。"晚翠"，夕阳晚照时枇杷园苍翠欲滴，取《千字文》中"枇杷晚翠"意。砖刻行楷。

南亭隶书匾额（图4-36）：

嘉实亭

美好果实之亭。取黄庭坚《古风》"江梅有嘉实"诗意。款署"徵明"，系仿文徵明体。

亭隶书对联之一（图4-36）：

春秋多佳日；
山水有清音。

图4-36　嘉实亭匾额及对联

春秋多良辰美景，山水之音最清雅。出句取东晋陶渊明《移居》诗其二，对句取自晋左思《招隐》二首之一。

潘奕隽撰书。潘奕隽（1740—1830年），清代学者。字守愚，号榕皋，又号水云漫士、三松居士，晚号三松老人，室名三松堂、探梅阁、水云阁、归帆阁。吴县（今江苏苏州）人，祖籍安徽歙州。乾隆三十四年（1769年）三甲九十七名进士，授内阁中书，官至内阁中书、户部主事。书宗颜、柳，篆、隶入秦、汉之室。山水师倪、黄，不苟下笔。写意花卉梅兰尤得天趣。诗跋俱隽妙。卒年91岁。著有《三松堂集》。

亭对联之二（图4-37）：

床上书连屋；

阶前树拂云。

图4-37　嘉实亭对联

床上书连着屋子，屋前台阶下大树拂云。出句取自唐代杜甫《陪郑广文游何将军山林》诗句。

款署"何绍基"。

小馆行楷额（图4-38）：

玲珑馆

图4-38　小馆西檐下匾（玲珑馆）

"玲珑"，明彻的样子，取苏舜钦《沧浪怀贯之》"日光穿竹翠玲珑"诗句意，言日光穿竹苍翠玲珑。庭院有寿星竹，翠筠浮浮，在日光抚照下独具神韵。

小馆内行楷横额（图4-39）：

玉壶冰

图4-39 小馆内匾（玉壶冰）

盛冰的玉壶，洁白无瑕，取南朝宋鲍照《代白头吟》诗"直如朱丝绳，清如玉壶冰"句意。以冰壶比拟人心性之纯洁，此馆窗格及室外铺地均用冰纹，与题额相符。

款署"宣统二年五月佛尼音布"。佛尼音布（1863—1937年），满族正蓝旗人，姓叶赫那拉，字荷汀，号师孟，别号诗梦居士，自号"六琴斋主"；又汉名叶潜，字鹤伏。为两广总督、文渊阁大学士瑞麟第三子。善书法，精医术。著有《诗梦斋诗文集》《诗梦斋琴谱》等。

小馆楷书对联（图4-40）：

曲水崇山，雅集逾狮林虎阜；
莳花种竹，风流继文画吴诗。

环曲的流水和高崇的山峰，文人聚会之

图4-40 小馆楷书对联

乐超过狮子林和虎丘山；移栽花草种植竹子，风流儒雅可继当年文徵明的画和吴伟业的诗。

款署"同治壬申三月""子青张之万"书。张之万（1811—1897年），字子青，号銮坡，直隶南皮人，张之洞兄。道光二十七年（1847年）状元；官至东阁大学士，赠太傅，谥文达。画承家学，山水用笔绵邈，骨秀神清，为士大夫画中逸品。初与戴熙讨论六法，交最相契，时称南戴北张。书精小楷，唐法晋韵，兼擅其胜。著有《张文达公遗集》。

小馆行书对联（图4-41）：

林阴清和，兰言曲畅；

流水今日，修竹古时。

林木成阴，天朗气清，至爱亲朋，畅叙共同的心声，气味香如兰花；今天的名园也有茂林修竹，文人雅士曲水流觞，不逊当年。集《兰亭集序》字联。

王文治书。

图4-41　小馆行书对联

六、黄石假山亭

横卷形匾额（图4-42）：

绣绮亭

图4-42　绣绮亭

湖光山色烂漫如锦绣之亭，取唐代杜甫《桥陵诗三十韵因呈县内诸官》诗"绮绣相展转，琳琅愈青荧"句意。亭旁有百年枫杨、牡丹、芍药，亭北碧波涟漪、山岛沉郁，景色优美如绣绮。

行楷。款署"千里"，不详。

行楷匾额（图4-43）：

晓丹晚翠

红色的朝霞，翠绿的暮色。园林的欣赏不仅是空间维度，也包含时间维度。

图4-43　匾额

隶书对联（图4-44）：

露香红玉树；
风绽紫蟠桃。

霜露使枇杷散发诱人香气，春风使蟠桃树开出紫红色的花朵。取意唐代王贞白《游仙》诗。

款署"彝尊"。朱彝尊（1629—1709年），清代文学家，字锡鬯，号竹垞，浙江秀水人，官至翰林院检讨。善隶书，有逸气。

西柱行书对联（图4-45）：

图4-44　对联

处世和而厚；
生平直且勤。

为人处世温和而且厚道，生平正直而且勤勉。

七、玉泉井

井额（图 4-46）：

玉泉

"玉泉"为明代拙政园三十一景之第三十一景。文徵明《拙政园图咏》序曰："京师香山有玉泉，君尝勺而甘之，因号玉泉山人。"

仿文徵明体。

图 4-45　西柱行书对联

图 4-46　玉泉井

匾额（图 4-47）：

远香堂

图 4-47　远香堂

　　荷香随微风送来，越传得远越觉清淡怡神。取北宋周敦颐《爱莲说》中"香远益清"句意。远香堂北临池塘，夏日荷风扑面，清香送远（图 4-48）。

　　原为清代沈德潜书额，隶书，今由张辛稼补书，行书。

图 4-48　远香堂

堂北步柱楹联（图 4-49）：

旧雨集名园，风前煎茗，琴酒留题，

诸公回望燕云，应喜清游同茂苑；

德星临吴会，花外停旌，桑麻闲课，

笑我徒寻鸿雪，竟无佳句续梅村。

故交老友聚集在名园里，风前煮茶，弹琴饮酒，留诗题签，诸位名公回身齐望北平上空，应该庆贺大家同聚在苏州的园林；老朋友们聚集在名园，贤士们来到苏州，花丛外面停放着车仗旌旗，课督农桑之暇，可笑我只顾寻找往事的痕迹，竟没有佳句去续吴梅村的山茶花诗诗句。

原为归安朱福清撰，元和陆润庠书，行楷。旧联已毁，1984 年由南京女书法家萧娴补书。萧娴（1902—1997 年），字雅秋，号枕琴室主，又号蜕阁。贵州贵阳人。著名女书法家，康有为入室弟子，行、楷精良，篆籀夺古。

堂南步柱楹联（图 4-50）：

建业报裹，临淮总榷，数年间大江屡渡，沧海

曾经，更持节南来，息劳劳宦辙，探胜寻幽，

良会机忘新政拙；

蛇门遥接，鹤市旁连，此地有佳木千章，崇峰

百叠，当凭轩北望，与衮衮群公，开樽合坐，

名园且作故乡看。

在南京陈报辅助之事，到淮地总管专营之业，数年间长江屡次往返，有了丰富的经历，今天又奉皇帝之命南下。这次要灭掉南北（歇息忙碌）游宦的车迹，在此地探寻幽美胜境，美好的聚会使人乐逸山水、陶然忘机、忘却自己拙于周旋、不善从政的烦恼。名园远接蛇门，旁挨着鹤市，这里有嘉树千株，崇峰百叠，当

图 4-49　堂北步柱楹联

图 4-50　堂南步柱楹联

凭靠着轩窗向北远望，与连续不断而来的诸公们，拿起酒杯合坐畅饮，姑且将这名园当作故乡看待。

原联系清光绪十五年（1884 年）辉发文琳撰书，今为郭仲选补书。郭仲选，1919 出生，号魁举。山东临沂人。文艺工作组织领导者，中国当代著名书法家。行书纵横驰骤，顿挫从容，舒展自然，雄秀兼备，既蕴缥缈紫带之体势，又存劲健洒脱之风神，且点线畅如行云流水，无丝毫飘浮游离之嫌，极富韵致，人称"郭体"。楷书结体方正，外见筋骨，内含刚健，于高简中寓浑穆，文静中显峻利，平正中出险绝；兼擅榜书，雄浑凝练，风神高华，体现出一种宏丽博大之美。

远香堂东南长廊砖刻（图 4-51）：

复园

图 4-51　复园

清乾隆初年太守蒋棨修葺旨在恢复名园山水旧观，故曰"复园"。

隶书。陈鳣书。陈鳣（1753—1817 年），字仲鱼，号简庄，又号河庄，浙江海宁硖石人。清嘉庆元年（1796 年）以廪生举孝廉方正，三年，中乡试。晚筑讲舍于紫薇山麓，寝处其中，一意撰述。

九、倚玉轩

匾额（图 4-52）：

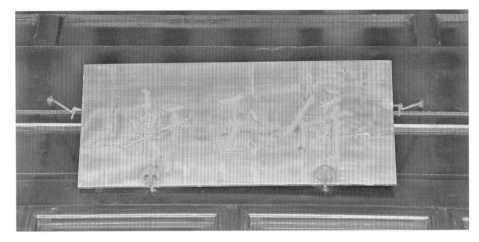

图 4-52　倚玉轩

"倚玉"之"玉"指美竹美石。人们习惯把竹喻为碧玉，竹子万竿摇动，则称为"万竿戛玉"；俗传玉出昆冈，此地除有美竹外，又有昆山石，故亦以之称玉。

东廊篆书抱柱联（图 4-53）：

> 睡鸭炉温旧梦；
> 回鸾笺录新诗。

睡鸭炉口吐袅袅香烟，似乎在重温旧时的梦境；回鸾笺隐起花木麟鸾，正可以记录新赋的诗章。

原联为清代王文治所书，现为王京盙补书。王京盙（1922—1996 年），字劲父，号澄翁，又号铁翁，别署守正楼主、宝敦楼丁、力学斋主、慈湖外史。浙江慈溪人，书法篆刻家。工多种书体，尤以小篆见长，书风谨严古雅。篆刻出自秦玺汉印，或浑厚劲朴，或纤细匀秀，均能入古出新。

图 4-53　东廊篆书抱柱联

西廊行草抱柱联（图 4-54）：

　　从北道来游，花月留题，寄闲情在二千里外；

　　占东吴名胜，亭台依旧，话往事于三百年前。

　　从北道南下漫游，花前月下留诗题名，寄闲情逸兴在这二千里外；占东吴有名胜地，亭台楼阁仍如往时，述说园林往事却须追溯到三百年前。

　　原为光绪丁亥（1887 年）九秋长白魁元撰并书，隶书，今为吴敫木补书。

十、廊桥

正楷额（图 4-55）：

　　　　　　　　　　小飞虹

好似小小的势欲飞动的彩虹。以彩虹比喻凌跨碧水的桥梁（图 4-56）。

图 4-54　西廊行草抱柱联

图 4-55　小飞虹匾

图 4-56　廊桥

十一、听松风处

行草匾额（图 4-57）：

一亭秋月啸松风

图 4-57　听松风处室内匾（一亭秋月啸松风）

秋月满亭松风啸吟。

清代查士标书。查士标（1615—1698年），字二瞻，号梅壑散人，安徽休宁人，后寓扬州，清初著名画家、书法家和诗人。书法以行书、草书见长，书出米、董，上追颜真卿，颇得精要。时称米、董再生，名重天下。行笔俊逸豪放、神韵深邃。与孙逸、汪之瑞、弘仁合称"新安四家"。著有《种书堂遗稿》等。

行书匾额（图 4-58）：

松风水阁

图 4-58　听松风处室外匾（松风水阁）

松风清明的水阁。取意于《南史·陶弘景传》"特爱松风，庭院皆植松，每闻其响，欣然为乐"。

款署"乙丑年九月""吴兴郑定忠书"。郑定忠（1914—2010年），号白云楼主，浙江湖州人，江苏省书法家协会会员，苏州市园林和绿化管理局艺术顾问。

行书对联（图 4-59）：

鹓雏晓旭鸣丹谷；
棠棣和风秀紫芝。

旭日东升，鹓雏在充满朝霞的山谷里鸣叫；兄弟情深，双双隐于山林采食紫芝。"鹓雏"，典见《庄子·秋水篇》，指鸾凤一类的鸟。"棠棣"，

图 4-59　行书对联

指兄弟情谊。"紫芝"，菌名，指隐者所食。见《古今乐录》四皓紫芝之歌。

款署"梦楼王文治"。

十二、得真亭

匾额（图4-60）：

得真亭

图4-60　得真亭匾

获得天地真气之亭。《荀子》曰："桃李蒨粲于一时，时至而后杀。至于松柏，经隆冬而不凋，蒙霜雪而不变，可谓得其真矣。"得真亭旁原有四桧柏为幄，题额含哲理意味。

隶书对联（图4-61）：

松柏有本性；

金石见盟心。

松柏具有坚贞的本性，金石之盟体现了牢固的誓约。出句取汉刘桢《赠从弟》诗句。

清代康有为撰书。康有为（1858—1927年），

图4-61　隶书对联

又名祖诒，字广厦，号长素，又号明夷、更甡、西樵山人、游存叟、天游化人，晚年别署天游化人。广东省广州府南海县人，人称"康南海"，清光绪年间进士，官授工部主事，近代著名政治家、思想家、社会改革家、书法家和学者。书法熔铸古今，自成气象，变化多姿、不拘一格。书体在枯润、疏密、显晦、清浊的变动与游移中，又饱含着紧张、膨胀与挣扎，世称"康体"。书法理论著有《广艺舟双楫》，提出尊魏卑唐主张。形成了近现代书坛碑派书法创作的主流形态。

十三、小沧浪

匾额（图 4-62）：

小沧浪

"沧浪"指汉水，取意《楚辞·渔父》沧浪之歌。宋代苏舜钦于水边筑沧浪亭，明代王献臣也自北都回苏，踪迹相似，效仿取名"小沧浪"。

图 4-62　小沧浪匾

集文徵明字体补题。

室内篆书对联（图 4-63）：

> 茗杯暝起味；
> 书卷静中缘。

暝目品茶更有滋味，静心读书独悟其道。集文徵明《暮春斋居即事》诗联。

款署"让之"。"让之"即吴熙载。吴熙载（1799—1870 年），原名廷扬，字熙载，后以字行，改字让之，亦作攘之，号让翁，又号晚学居士、方竹丈人等。江苏仪征人。清末著名书法家、篆刻家。年轻时成为"邓派"大书法家、篆刻家包世臣的入室弟子。篆书和隶书学邓石如，行书和楷书取法包世臣。在书法方面的最大成就是篆书，他的篆书汲取了邓石如的端庄、浑厚的风格，又加以自己的理解，使之风格更加飘逸、舒展、柔中带刚，法度严谨。著有《通鉴地理今释稿》。

室外隶书对联（图 4-64）：

> 清斯濯缨浊斯濯足；
> 智者乐水仁者乐山。

水清则洗洗帽带，水浊就洗洗脚；智者活泼通达，爱好流畅的水；仁者宽广敦厚，爱好稳重的山。

出句取自《孟子·离娄》篇引孔子之语，对句语出《论语·雍也》。

款署吴骞。吴骞（1733—1813 年），字槎客、葵里，号兔床、兔床山人。浙江海宁人。清代著名藏书家，生平酷嗜典籍，家有拜经楼，所辑《拜经楼丛书》，校勘精审，著名于世。并能画工诗，著作等身。

图 4-63　室内篆书对联

图 4-64　室外隶书对联

十四、志清意远

行楷匾额（图 4-65）：

志清意远

图 4-65　志清意远

心意清新情思高远。取《义训》"临深使人志清，登高使人意远"之意。原为"志清处"和"意远台"两个景点。1998 年 1 月志清意远内设雅石斋，摆放各种赏石十余种八十多块。[①]

十五、净深亭

行书匾额（图 4-66）。

静深

清静幽深。取唐宋之间《雨从箕山来》"深入清净理，妙断往来趣"诗句

图 4-66　净深匾额

[①] 有瓦翁书额"雅石斋""巷云山房"，对联"花如解笑还多事；石不能言最可人"（联出陆游《闲居自述》诗）；有崔护书额"云根山骨"等。

意。原拙政园三十一景点之一，名"深静"，环境类似，疑"净深"为"深静"之讹，"净"与"静"通。

行草对联（图 4-67）：

相与观所尚；
时还读我书。

图 4-67　对联

互相观赏崇尚的东西，耕种之后还家读我的书。出句取西晋左思《招隐》"相与观所尚，逍遥撰良辰"；对句取东晋陶渊明《读山海经》诗"既耕亦已种，时还读我书"。

款署"枝山"。联语系祝允明为自家"怀星堂"所写。祝允明（1460—1526 年），字希哲，号枝山，又自号枝指生。江苏长洲（今苏州市）人。吴门书派中"明中期三大家"之一，书法集百家之长，独步一时。文徵明称其"书法之妙，亦一时未有"（《仙人图》），领一代风骚。

大理石挂屏内有额"遐龄八百，介尔眉寿"，高领八百岁，祝您长寿之意，传说彭祖活到八百岁，下句见《诗经·豳风·七月》"以介眉寿"。

十六、旱船

行书横额（图 4-68）：

香洲

飘溢香草香味之洲。取唐代徐元固《棹歌行》"影入桃花浪，香飘杜若洲"诗，典出《楚辞·九歌·湘君》："采芳洲兮杜若，将以遗兮下女。"这里把池中的荷花比作香草。

款署"文徵明书"。跋云："文待诏旧书'香洲'二字，因以为额。昔唐徐元固诗云：'香飘杜若洲'。盖香草所以况君子也。乃为之铭曰：'撷彼芳草，生洲之汀；采而为佩，爰入骚经；偕芝与兰，移植中庭；取以名室，维德之馨。'嘉庆十年岁在乙丑季夏中澣王庚跋。"

图 4-68　旱船匾

舱内行书匾额（图 4-69）：

烟波画船

图 4-69　烟波画船

浩渺烟波中的画舫。旱船形似画舫，正行驶于吴门烟水中。有明代汤显祖《牡丹亭·游园》"朝飞暮卷，云霞翠轩；雨丝风片，烟波画船"之美。

张辛稼书额。

上层小篆匾额（图 4-70）：

澂观

澄静胸怀以观道妙。语出《南史·宗少文传》。

额下跋云："八旗奉直会馆，拙政园旧址也。兵灾后，经今相国张中丞葺而新之。相国去吴，日就荒落。岁丙戌，崧中丞秉节此邦，公余之暇，时一登临，辄慨然于此园之渐废也。逾年，命魁观察与殿魁综理其事，遂首改园门，拓其旧制，而并建此楼于池之上。其他倾者扶，圮者整，时阅六月，厥功渐竣，而殿魁遂承简命，将赴凉镇。所望后之官斯土者，仍日以两中承与观察之心为心，而不使有胜地不常之慨也。是则余之所深幸者耳。濒行，颜此楼曰澂观，而并志其颠末如此。戊子（1888）孟春既望。燕平闪殿魁书。"

闪殿魁，清朝将领。顺天昌平（今北京昌平）人，回族。官至四川提督。

图 4-70　旱船楼上匾（澂观）

面西行楷砖额

（图 4-71）：

野航

正好在野外航行。取自唐杜甫《南邻》诗中的"秋水才深四五尺，野航恰受两三人"句意。

图 4-71　野航

十七、玉兰堂

行书匾额（图 4-72）：

玉兰堂

图 4-72　玉兰堂

图 4-73　堂西隶书门对

玉兰之堂。院内有玉兰数株，玉兰之有文化：一是玉兰含"玉"，白玉兰象征"白玉"，与金桂合成"金玉满堂"；二是玉兰花未盛开时似毛笔，所以别名"笔花"[①]，如果是白玉兰，称"玉笔"；三是笔花让人联想到"妙笔生花"的典故，五代王仁裕《开元天宝遗事下》："李太白少时梦所用之笔头上生花，后天才赡逸，名闻天下"，称妙笔生花。

仿文徵明字体补题。

堂西隶书门对（图 4-73）：

名香播兰蕙；

妙墨掸[②] 岩泉。

有名的香气来自兰蕙

① 玉兰堂旧有匾额"笔花堂"，已佚。

② "掸"应为"挥"。

的播散，神妙的笔墨来自岩泉的触发。集联。出句自唐代岑参《和刑部成员外秋夜寓直寄台省知己》诗，对句出唐代张九龄《题画山水障》，原句为"妙墨挥岩泉"。

款署"隅堂钱君匋时年八十一"。钱君匋（1906—1998年），原名钱锦堂，字豫堂。祖籍浙江省海宁，浙江省桐乡县人。是一位诗、书、画、印融于一身的艺术家，"一身精三艺，九十臻高峰"。曾任西泠印社副社长、上海文艺出版社编审、上海市政协委员等职。

堂外抱柱联（图4-74）：

道不达人^①子臣弟友；
学惟逊志礼乐诗书。

儒家的中庸之道是离人不远的，教育大家懂得如何担当做儿子、臣子、弟弟、朋友等四种社会角色；学习一定要虚心谦让，努力学习《礼》《乐》《诗》《书》等儒家经典。

集文徵明字联，行草。

图4-74　堂外抱柱联

十八、空廊

行楷廊额（图4-75）：

柳阴路曲

柳阴遮地的蜿蜒曲廊。取唐代司空图《诗品·纤秾》"柳荫路曲，流莺比邻"意境。

十九、见山楼·藕香榭

楼上匾额（图4-76）：

见山楼

悠然可见远山之楼。取意于陶渊明《饮酒》"采菊东篱下，悠然见南山"诗意。

张大千书。

---

① 按：《中庸》第13章："子曰：道不远人，人之为道而远人，不可以为道。"大同府文庙有楹联"道不远人子臣弟友"。疑"道不达人"的"达"为"远"之讹。

图 4-75　柳阴路曲

图 4-76　见山楼匾额

楼南柱隶书楹联（图 4-77）：

　　束云归砚盒；

　　栽^①梦入花心。

　　把云彩束住放归砚匣，将梦境栽入花蕊。

　　款署"郑板桥旧联，八一叟吴进贤书。"此为郑燮赠"扬州八怪"之一的李方膺（号晴江），赞其出神入化的绘画艺术。吴进贤补书。

图 4-77　见山楼对联

① 此联作"栽"，依上联当以"裁"为胜。

图 4-78　水榭匾（藕香榭）

楼下行书匾额（图 4-78）：

藕香榭

荷花飘香之水榭。

款署"王萼华壬申新正补书"。王萼华（1917—2001 年），号微波楼主，贵州贵阳人。中国书法家协会理事，中国楹联学会常务理事，贵阳楹联学会会长。曾任《贵阳市志》编委会副主任、《贵阳市志》总纂。入典《中国书法家大辞典》。1994 年被聘为贵州省文史研究馆馆员。

水榭对联之一（图 4-79）：

林气映天，竹阴在地；
日长若岁，水静于人。

树木茂密，遮天避日，翠竹摇曳，竹阴拂地，环境十分清幽；漫漫白昼长如年，水面平静无波比人安静。集《兰亭集序》字联。

行书联。款署"八十四岁叟沈本千书"。沈本千（1903—1991 年），浙江

图 4-79　水榭对联之一

嘉兴人。当代浙江著名画家，专攻山水、墨梅，亦擅书法、篆刻，工诗词。

水榭对联之二（图4-80）：

西南诸峰，林壑尤美；

春秋佳日，觞咏其间。

西南山峰众多，树林山谷尤其秀美；春秋大好日子，饮酒赋诗在此聚会。出句取宋代欧阳修《醉翁亭记》语，对句取意东晋陶渊明《移居》诗"春秋多佳日，登高赋新诗"句和晋代王羲之《兰亭集序》句意。

行草联。款署"乙丑二月子丞时年八十又二"。沈子丞（1904—1996年），原名沈德坚，字之淳，号听蛙翁。浙江嘉兴人。当代苏州著名书画家、鉴赏家。1956年与吴湖帆、贺天健、陆俨少、唐云等人同为上海中国画院第一批画师。

图4-80 水榭对联之二

二十、荷风四面亭

楷书匾额（图4-81）：

荷风四面

纳四面荷风。亭四周皆有荷花，夏日里，荷叶亭亭，荷花嫣然，荷香阵阵，美不胜收。

图4-81 荷风四面匾额

楷书对联（图 4-82）：

四壁荷花三面柳；
半潭秋水一房山。

荷花作四壁，柳枝垂三面，秋水半潭，山形一池。句式仿自济南大明湖小沧浪亭乾隆年间江西才子刘凤诰所撰"四面荷花三面柳，一城山色半城湖"名联。下联化用唐代李洞《山居喜友人见访》诗："看待诗人无别物，半潭秋水一房山。"但仍保持原联妙处。十分巧妙地嵌入了半、一、三、四数字，描绘了春、夏、秋、冬四季景色。

图 4-82　荷风四面对联

二十一、雪香云蔚亭

行草匾额（图 4-83）：

雪香云蔚

"雪香"指白梅，色白而香。"云蔚"，取《水经注》"交柯云蔚"句，指山间树木茂密。白梅飘香，树木葱茂。亭位于园北，旁有白梅数株，土山上枫、柳、

图 4-83　雪香云蔚

松、竹交相辉映，野趣益然（图 4-84）。

上海书法家钱君匋补书。

图 4-84　雪香云蔚亭

草书匾额（图 4-85）：

山花野鸟之间

在山花和野鸟之间。有唐代钱起《山花》诗意境。

款署："元璐"。元璐即倪元璐。倪元璐（1593—1644 年），字汝玉，号鸿宝，浙江上虞人。明天启二年（1621 年）进士，官至户、礼部尚书。明代著名书画家。传世作品有《舞鹤赋卷》《行书诗轴》《金山诗轴》等。

图 4-85　匾额

亭南柱楹联（图 4-86）：

蝉噪林愈静；
鸟鸣山更幽。

蝉叫之声越喧闹，深林就越静谧；鸟鸣之音越响亮，山谷就越清幽。取南朝梁王籍《入若耶溪》诗句。

款署"徵明"。

图 4-86　楹联

二十二、待霜亭

匾额（图4-87）：

待霜

等待霜降。含屈原《橘颂》、王右军《黄柑帖》、韦应物《故人重九日求桔》诸意。亭旁原植柑橘数株，位于坤（西南）隅，与今亭位置不符。今亭旁植有枫树。

用文徵明体书额。

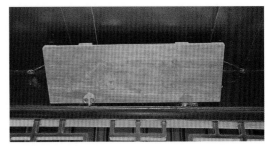

图4-87　待霜亭匾

---

① 待霜亭旧联为"葛巾羽扇红尘静；紫李黄瓜村路香"，出句取自苏轼《送将官梁左藏赴莫州》诗，对句取自苏轼《病中游祖塔院》诗，款署"瓶生翁同龢"，已佚。今挂对联借用留园清风池馆杨沂孙小篆联"墙外春山横黛色；门前流水带花香"，将"春山"误作"青山"。

对联（图4-88）：

墙外青山横黛色；
门前流水带花香。①

墙外的春山献出最美的深青色；门前的流水送来沁人的花香。

图4-88　待霜亭对联

匾额（图 4-89）：

梧竹幽居

在梧桐和竹子掩映下的幽静居处。亭旁植有梧桐树和慈孝竹等。取唐代羊士谔《永宁小园即事》诗句意。

仿文徵明字体。

图 4-89　梧竹幽居匾额

隶书对联（图 4-90）：

爽借清风明借月；
动观流水静观山。

借清风之爽明月之皎洁；喜欢活泼流水的是敏捷好动的智者，喜欢稳重丘山的则是敦厚好静的仁者。《兰亭集序》集字联。对句脱化于《论语·雍也》篇。

款署"赵之谦"，赵之谦（1829—1884 年），字益甫，号冷君，又号梅庵，更号悲庵，晚号无闷。浙江会稽（今绍兴市）人，清咸丰年间举人，官至南城知县。清末篆刻家、书画家。

图 4-90　梧竹幽居对联

二十四、绿漪亭

匾额（图4-91）：

绿漪亭

图4-91　绿漪亭^①匾

绿色涟漪。取梁代张率《咏跃鱼应诏诗》诗意。亭在池东北角，北倚界墙，一墙之隔，以前是农田。今亭北翠竹丛丛，亭南芦苇摇曳，俯瞰水池，绿波粼粼，游鱼隐于繁藻绿波间，别有一番江南乡村风光。

款署"张廷济"。张廷济（1768—1835年），字叔未，一字说舟，号竹田，又号海岳。浙江嘉兴人。清代金石学家、书法家。著有《金石文字》《清仪阁所藏古器物文》《清仪阁金石题识》《清仪阁古印偶存》《桂馨堂集》等，传世书迹颇富。

对联（图4-92）：

鹤发初生千万寿；
庭松应长子孙枝。^②

白发初生寿千万，庭院松树应长出子孙枝。出句取自宋代苏轼《朱寿昌郎中，少不知母所在，刺血写经，求之五十年，去岁得之

图4-92　对联

---

① 此处旧匾"劝耕"，已佚。
② 此联同留园冠云楼内对。

蜀中。以诗贺之》诗；对句取苏轼《万松亭》诗。

　　款署"壬申四月中瀚曼生陈鸿寿"。陈鸿寿（1768—1822 年），字子恭，号曼生，又号恭曼、曼龚等。浙江杭州人。西泠八家之一，书画篆刻皆精，所制紫砂"曼生壶"，后世视如珍璧。书法长于行、草、篆、隶诸体，尤以隶书和行书最著。隶书清劲潇洒，结体自由。穿插挪让，相映成趣。陈鸿寿广泛学习汉碑，善于从汉摩崖石刻中汲取营养，在用笔上形成了金石气十足、结体奇特的个人面目。笔画圆劲细插，如银画铁钩，意境萧疏简淡，雄浑瓷肆，奇崛老辣。隶书具有"狂怪"的特点，但用笔仍然属守古法，带汉隶笔意。

第四节

西部·补园

一、界门

隶书匾额（图 4-93）：

　　别有洞天

　　又一处仙境良苑，指示性题咏。唐代章碣《对月诗》："别有洞天三十六，水晶台殿冷层层。"

　　亭联（图 4-94）：

　　唤我开门迎晓月；
　　送人何处啸秋风。

　　唤起我打开园门迎着晓风残月，送别人到哪里去啸歌秋风里。

　　行书联。款署"丙寅五月补书查士标旧句，邓云乡"。

图 4-93　界门别有洞天

图 4-94 半亭对联

二、湖石假山

行书摩崖（图 4-95）：

云坞

图 4-95 云坞

　　古人以石为云根，云坞即湖石聚集之山坞。1979 年邬西濠补题。邬西濠，字烛桥，1925 年出生于浙江奉化，苏州市书协顾问，苏州书协副理事长。

三、满轩

厅东篆书砖额（图 4-96）：

得少佳趣

图 4-96　得少佳趣

稍稍得到乐趣，有渐入佳境之意。旧园主张履谦书。

南厅行书匾额（图 4-97）：

十八曼陀罗花馆

图 4-97　满轩厅南匾（十八曼陀罗花馆）

"曼陀罗"，即山茶花，十八株山茶花之馆。张履谦在此地种山茶十八株，名东方亮、洋白、西施红等，以山茶花名馆。

款署"樾嘉仁兄年大人政壬辰三月弟陆润庠书于鄙寓小怀鸥舫"。樾嘉为张履谦的号。陆润庠（1841—1915 年），一作润祥，字云洒，又字凤石，别号固叟。江苏元和（今苏州市）人。清同治十三年（1874 年）状元，曾任国子监祭酒、工部尚书、吏部尚书，宣统二年（1910 年）任东阁大学士。辛亥革命后，在清宫留毓庆宫任溥仪的老师。书法清华朗润，意近欧、虞，馆阁气较重。

拙政园（明）

对联之一（图 4-98）：

迎春地暖花争坼；
茂苑莺声雨后新。

迎春之坊地温气暖百花争艳，茂苑之中莺声娇啭雨后空气清新。拙政园旧为迎春坊地段，对句取自唐代张籍《寄苏州白二十二使君》诗句。

行书联。款署"录沈景修旧句""胡厥文"。胡厥文（1895—1989 年），又名胡保祥，上海嘉定人。著名爱国民主人士、政治活动家、杰出实业家。曾任上海市副市长、市政协副主席、民建中央主席、全国工商联常委、全国政协常委、全国人大副委员长等职。著有《胡厥文诗词选》。

对联之二（图 4-99）：

小径四时花，随分逍遥，真闲却、香车风马；
一池千古月，称情欢笑，好商量、酒政茶经。

小路两旁有四季不凋之鲜花，随便逍遥，真正闲置了装饰华美的车马；水池里面有千古同辉的明月，称情欢笑，可以商量那研究酒茶的专著。

行楷联。原为清代伊念曾作隶书，今为沈迈士补书。沈迈士（1891—1986 年），名祖德，号宽斋、老迈，以字行。浙江吴兴（今湖州市）人。耦园主人沈秉成之孙，父瑞琳，母龚韵珊，均擅书画，著名书画家。还善作诗词、善文物鉴定。曾任上海中国画院画师、上海市文史馆馆员、湖州书画院名誉院长等职。

东西门宕篆书砖刻（图 4-100、图 4-101）：

来薰　纳凉

"来薰"，吹来暖风；"纳凉"，接纳凉意。"薰"为多义词，和"凉"东西对文时，"薰"指温暖、和熙之风，源于传为舜之《南风》歌："南风之薰兮，可以解吾民之愠兮。"

张履谦书。

图 4-98　对联之一

图 4-99　对联之二

图 4-100 来薰

图 4-101 纳凉

北厅匾额（图 4-102）：

卅六鸳鸯馆

图 4-102 卅六鸳鸯馆匾额

有卅六只鸳鸯的馆所。取意于佚名的《真率笔记》："霍光园中凿大池，植五色睡莲，养鸳鸯卅六对，望之灿若披锦。"

正楷联。款署"壬辰四月洪钧"。洪钧 1892 年书。洪钧（1839—1893年），字陶士，号文卿。清同治七年（1868 年）中状元，任翰林院修撰。后出任湖北学政，主持陕西、山东乡试，并视学江西。1881 年任内阁学士，官至兵部左侍郎。1889 年至 1892 年任清廷驻俄、德、奥、荷兰四国大臣。

对联之一（图 4-103）：

绿意红情春风夜雨；
高山流水琴韵书声。

图 4-103 卅六鸳鸯馆对联

绿叶红花景色艳丽，春风袅娜夜雨潇潇；高山流水乐曲绝妙，琴调有韵书声琅琅。"绿意红情"出自宋代文同《约春》诗。

草书联。原为晚清书法家高邕以词牌名集句所书，原联为"绿意红情春风袅娜，高山流水琴调相思"。林散之重撰补书于1984年。林散之（1898—1989年），原名以霖，后改名散之，自号三痴生，别号左耳、散耳、聋叟、江上老人。安徽和县人。擅书，尤擅草书，有当代"草圣"之称，能将国画中的积墨、宿墨、焦墨、破墨、淡墨、浓墨、渴墨等墨法娴熟地运用于书法，用笔变化多端，造成雄伟飘逸姿态，磅礴放旷的气势，划沙折股的笔意，具有很强的艺术感染力。

对联之二（图4-104）：

燕子来时，细雨满天风满院；
阑干倚处，青梅如豆柳如烟。

图4-104 对联之二

燕子飞来之时，细雨满天风满院；栏干所倚之处，梅子青如豆，柳丝飘如烟。园主张履谦集欧阳修《六一词》句而成。

草书联。此联原为江标所书，今为沈鹏补书。江标（1860—1899年），字建霞，清光绪十五年（1889年）进士，工小篆，善作山水。沈鹏，1931年生，斋名介石。江苏江阴人。少年从章松厂（清末举人）等人学习古文、诗词、中国画、书法。历任全国政协委员、中国文联副主席、中国书法家协会名誉主席、中国美术出版总社编审等。

东西门宕篆书砖额（图4-105、图4-106）：

迎旭　延爽

迎旭日，延爽气。张履谦书。

图4-105 迎旭

图4-106 延爽

四、塔影亭

匾额（图 4-107）：

塔影亭

图 4-107　塔影亭

图 4-108　塔影亭

倒影如塔之亭。亭位于假山之上，阳光下，碧波中可见亭之倒影如塔（图 4-108）。

楷体。款署"蝯叟"。蝯叟，即清书法家何绍基的号。

五、留听阁

匾额（图 4-109）：

留听阁

静听雨打残荷之阁。取唐代李商隐《宿骆氏亭寄怀崔雍崔衮》"留得枯荷听雨声"诗句意。一说，张履谦延请"江南曲圣"俞粟庐住家教昆曲，为师极严，

图4-109　留听阁匾

那些在鸳鸯厅拍曲的后辈于是想到请他在"留听阁"隔池听曲。①

　　篆书，款署"月阶大兄世大人雅属，壬辰（1892年）夏五月吴大澂"。月阶为张履谦的字。吴大澂（1835—1902年），字止敬，又字清卿，号恒轩，晚年又号愙斋，吴县（今江苏苏州）人，清同治七年（1868年）进士，历任编修，陕、甘学政。河南、河北道员、太仆寺卿、太常寺卿、通政使、左都御史、广东、湖南巡抚等官。曾参与中俄边界及中日订约之交涉。吴大澂是清代著名的金石学家、书画家。精于鉴别和古文字考释，善画山水、花卉，书法以篆书成就最高。篆书将小篆古籀文结合，篆书大小参差、渊雅朴茂，写篆书，喜用隶书书款。隶书横平竖直，亦取法汉碑。行书学曾国藩，又颇有黄庭坚的趣味。吴大澂又以诗词及散文著称。著有《愙斋诗文集》《说文古籀补》《愙斋集古录》等十余种。

六、浮翠阁

匾额（图4-110）：

浮翠阁

苍翠如浮之阁，阁矗立于假山上，可登高望翠（图4-111）。取宋代苏轼《华阴寄子由》"三峰已过天浮翠"诗句意。

　　隶书，款署"己未（1895）十一月藐翁杨岘"。杨岘（1819—1896年），字见山，又字季仇，号庸斋，晚号藐翁。归安（今浙江湖州）人。清咸丰五年（1855年）举人，曾为曾国藩、李鸿章幕僚，官至常州、松江知府，湖南巡抚。精研隶书，于汉碑无所不窥，名重一时，为吴昌硕的老师。

① 按：鸳鸯厅通往留听阁为"卧虹桥"，借用文徵明画拙政园景"小飞虹"之意命名，张履谦在其铁铸桥栏上有其手写篆体字"延年益寿"，当时其母马太夫人健在，祝颂长寿之意。

图 4-110　浮翠阁

图 4-111　浮翠阁

七、笠亭

匾额（图 4-112）：

笠亭

如笠帽之亭，取《诗·小雅·无羊》中"何蓑何笠"之意。亭浑圆形，锥顶似草笠，俗称"箬帽亭"，亭前水石，寓意渔翁垂钓。清嘉庆拙政园主人查元偁

图4-112 笠亭

有《复园十咏·笠亭》词。

款署"补园主人属钦其宝篆"。钦其宝，清代苏州文人，与盛宣怀等人过往甚密。

八、与谁同坐轩

与谁同坐轩平面形似折扇，又称扇亭，里面的石台、石凳、挂灯、漏窗、匾额等都是扇形，扇亭（扇面）和紧邻的笠亭（扇骨）组合成一把倒立而张开的文人折扇。[①]（图4-113）

图4-113 与谁同坐轩

---

① 按：张氏先祖"有容堂"主人原以制扇起家，将扇亭置于补园的视觉中心，以示不忘祖先，设计别出心裁。

隶书匾额（图4-114）：

与谁同坐轩

风月自赏之意。取宋代苏轼《点绛唇·闲倚胡床》"与谁同

图 4-114　与谁同坐轩匾额

168

坐？明月清风我"词意。

　　款署"凤生姚孟起"。姚孟起，字凤生，一作
凤笙。江苏苏州吴县人。贡生。清末书法家，以
书名世，正书宗欧阳询。隶书略仿陈鸿寿，兼治
印，得蒋仁秀劲之气。偶作画，古拙如金农。著
有书学思想著作《字学臆参》及《书论二则》。

　　隶书对联（图 4-115）：

江山如有待；

花柳更无私。

　　美好的江山正等待着人们，花柳无私地呈现
出它的色彩风姿。集自唐代杜甫《后游》诗。

　　款署"蝯叟书于吴门"。

图 4-115　与谁同坐轩对联

九、倒影楼·拜文揖沈之斋

　　楼上行书匾额（图 4-116）：

倒影楼

观赏倒影之楼。

图 4-116　倒影楼匾

款署"月翁德鉴，甲午（1894年）李盦高邕"。高邕（1850—1921年），字邕之，仁和（今杭州）人，寓上海。官江苏县丞。工书，能以草书作画，孤诣苦心，劬学致病，因号李盦，自署苦李。甲午（1894年）中日战争后，改号聋公。宣统元年（1909年）在上海豫园并立书画善会，偶作画，陈于会中卖以助账。画宗八大（朱耷）、石涛（道济），山水花卉，神味冷隽。辛亥革命后，黄冠儒服，卖字为生，更号赤岸山民。兼善篆刻。书法有骏驶回翔之妙。

楼下行楷匾额（图4-117）：

拜文揖沈之斋

图4-117　拜文揖沈之斋匾

揖拜文徵明、沈周之屋。沈周（1427—1509年），字启南，号石田、白石翁、玉田生、有竹居主人等。明代杰出画家，与文徵明、唐寅、仇英并称"吴门四家"，人称江南"吴门画派"的班首，在画史上影响深远。

款署"补园主人属，沈景修"。沈景修（1835—1899年），字蒙叔，号蒙庐、汲氏，又号蒲寮子，晚号寒柯，浙江嘉兴人，咸丰辛酉拔贡，官至寿昌教谕。善诗词杂文，尤工书。著有《蒙庐诗存》，名重江浙一带。与海上画派任伯年、舒浩等关系密切，合作较多。俞粟庐为其弟子。

楼北地穴门砖刻（图4-118、图4-119）：

矫若　奥衍

"矫若""奥衍"，乃形容树龄130多年仍生机勃勃、郁郁葱葱的白木香，枝条矫若游龙，深回广衍。

何满子撰，行书。何满子（1918—2009年），浙江富阳人，杂文家，曾任报社记者、编辑、总编辑、出版社编审等职，著有《艺术形式论》《中古文人风采》《画虎十年》等专著及杂文随笔集共四十余种。

图 4-118 矫若

图 4-119 奥衍

十、水廊钓台

行草抱柱联（图 4-120）：

> 天连树色参千尺；
> 地借波心拓半弓。

蓝天和翠绿的树色连为一体，树木参天；钓台伸到池心，好似张开了半张弓弦。钓鱼台位于水廊上，出句写从钓台仰视所见远景，对句咏钓台近景（图 4-121）。

款署"明贤"。戴明贤，1935年生，贵州安顺人。曾任贵阳书画院院长、贵州省书法家协会主席、贵州省作家协会副主席等职。著有《戴明贤书法篆刻选集》，儿童文学集《岔河涨水》，中短篇历史小说集《花溅泪》《九疑烟尘》，散文集《残荷》等。

图 4-120 抱柱联

图 4-121　水廊钓台

十一、宜两亭

隶书匾额（图 4-122）：

宜两亭

图 4-122　宜两亭

适宜于两家共享春色之亭。取唐代白居易《欲与元宗简结邻而居作诗以赠》诗"明月好同三径夜，绿杨宜作两家春"句意。亭踞拙政园中部分界墙边，可以同时俯瞰中、西两园景色。

款署"光绪辛卯仲冬月吉尊徽朱煜书于淞水寄垒"。朱煜（？—1921 年），名丙炎，字硕甫。钱塘人。清光绪二年（1876 年）丙子科举人，杭州名流，曾任丽水教谕。

艺圃（明）

艺圃位于苏州皋桥吴趋坊文衙弄。园广约三千八百平方米，山水园占二千七百六十平方米。园内的山池布局大致保持了明末清初的旧貌。

艺圃始建于明嘉靖年间（1522—1566年），前身是学宪袁祖康所建的"醉颖堂"，后归文徵明曾孙文震孟为宅，易名"药圃"，清初（17世纪）园归山东名士姜垛，改名"颐圃"，又以其号名"敬亭山房"，继而更为今名"艺圃"。

园门

东大门匾额（图5-1）、**西边门砖额**（图5-2）：

图5-1　文衙弄园门（艺圃）

艺圃

艺，种也。"艺圃"和"药圃"同义。"药"，楚辞中指香草"芷"，清幽高洁，表示人格之雅洁。

东大门匾额行书。款识"谭以文书"。谭以文，别署颖闻，号稼穑草堂、心耕簃主人，1956年生于山东省滕州市。幼承庭训，随父学书，后师从费新我先生。1982年为中国书法家协会会员，1986年当选为江苏省青年书法家协会主席，1995年当选为苏州市书法家协会副主席。现为苏州国画院国家二级美术师、南京博物院特聘画师。

西边门砖额为朱延春篆书。朱延春（1951—2002年），名永贤，字君武，号延春，又号涵春阁主。江苏苏州人。曾为江苏书法家协会会员、沧浪诗社理事。

图 5-2　十间廊屋园门

入园小径过街屋匾额（图 5-3）：

七襄公所

清道光十九年（1839 年），商人胡寿康、张如松为创建丝绸同业会馆购艺圃，称会馆为"七襄公所"。取《诗经·小雅·大东》："跂彼织女，终日七襄"句意。

篆书，款识"辛丑春月崔护"。

图 5-3　七襄公所

住宅

一、住宅前厅

匾额（图 5-4）：

世纶堂

图 5-4　世纶堂

世掌丝纶之堂。取杜甫《奉和贾至舍人早朝宫舍人先世掌丝纶》云："欲知世掌丝纶美，池上于今有凤毛。"文氏祖孙相继官翰林待诏，文震孟起堂名"世纶"。

行书，款识"新巳春马伯乐书"。马伯乐，1942 年生，中国美术家协会会员，国家一级美术师，江苏省书法家协会会员，苏州国画院副院长，苏州大学兼职教授，享受国务院特殊津贴。擅长中国画，出版有《马伯乐画集》《拓殖大学藏马伯乐作品集》《马伯乐近作选》《百贤图》《百松图》等。

门楼砖刻（图 5-5）：

经纶化育

筹划治理国家大事，化生长育天地。取《中庸》："为能经纶天下之大经，立天下之大本，知天地之化育"之缩语。

图 5-5 门楼"经纶化育"

门楼砖刻（图 5-6）：

执义秉德

坚持合理的、该做的事，保持美德。

图 5-6 门楼"执义秉德"

匾额（图 5-7）：

东莱草堂

"东莱"，山东地名，山东莱阳人的居室。园主姜埰为山东莱阳人，故名。

行书，款识"辛巳春仲吴敉木年八十一"。

对联（图 5-7）：

松下论文诸贤乐耳；

砚边挥笔数老陶然。

图 5-7 东莱草堂匾额及对联

在松下谈诗论文诸位贤者乐陶陶；于砚台边挥毫作文、吟诗作赋，老人们陶然共忘机。

款识"辛巳清和月崔护"。

门楼砖额（图 5-8）：

刚健中正

刚强、得当、正直，出自《易·乾》："大哉乾乎！刚健中正，纯粹精也。"赞美袁、文、姜三代园主的正直，铁骨铮铮。

款识"道光癸卯夏日榖旦吴县郭治丰时年七十有三"。

图 5-8 门楼"刚健中正"

三、书房

匾额（图 5-9）：

餔饦斋

读书犹如山东人吃大饼。视读书如同吃饭一样为第一需要。

瓦翁书额。

图 5-9 书房匾（餔饦斋）

山水园

一、山水园主体厅堂

篆书匾额（图5-10）：

博雅堂

图5-10　博雅堂

博古好雅之堂。本汉王逸《楚辞·招隐士·解题》："昔淮南王安博雅好古，招怀天下俊伟之士。"园主在此嘉会友朋，纵论诗文。

对联之一（图5-11）：

博雅腾声数杰，烟波浩淼，浴鹤晴晖，三万顷湖裁一角；
艺圃蜚誉全吴，霁雨空蒙，乳鱼朝爽，七十二峰剪片山。

艺圃和主厅博雅堂享誉苏州，有浴鹤池、晴晖、乳鱼、朝爽等亭台，池水浩渺，雨止天晴时，山色空蒙，好似三万六千顷太湖裁下一角、太湖七十二峰剪了一片。联语切合艺圃地理环境。

款识"王少牧撰联，甲子年九月程可达书"。王少牧，即王也六，原中共苏州市委统战部部长。

艺圃（明）

图 5-11　对联之一 　　　　　　　图 5-12　对联之二

对联之二（图 5-12）：

名园复旧观，林泉雅集，赢得佳宾来胜地；
堂庑存遗制，花木扶疏，好凭美景颂新天。

名园恢复了昔日旧貌，山林泉石，引来贤士佳宾雅集；堂庑建筑保存古代遗制，花木扶疏，风光旖旎称颂新社会。

款识"何芳洲撰句，岁在甲子中秋后三日，爱新觉罗曼翁篆于听蕉轩晴窗"。何芳洲撰，沙曼翁篆书。何芳洲，1909 年生，苏州东山人，诗人，1985 年为中国诗词学会发起人之一。

中堂联（图 5-13）：

闲看秋水心无事；
坐对长松气自豪。[1]

放情山水陶养心性，苍松之气使人精神豪壮。出句取唐代皇甫冉《秋日东郊作》诗。

谭以文书，行书。

---

[1] 博雅堂原有对联"一池碧水，几叶荷花，三代前贤松柏宅；满院春光，盈亭皓月，数朝遗韵芝兰馨"，中堂联与其表达的意境一脉相承。

图 5-13　中堂联

二、旸谷书堂

匾额（图5-14）：

旸谷书堂

图5-14　旸谷书堂

日出处的书屋。《尚书·尧典》："分命羲仲，宅嵎夷，曰旸谷。"吴敔木书额，行书。

三、爱莲窝

匾额：

爱莲窝 [1]

赏爱莲花之所。此屋西临水池，是夏日赏荷的佳处。宋代周敦颐的"濂溪书堂"，又名"爱莲书堂"。园主追慕周敦颐的风采，对于莲花包含着特殊的感情。（图5-15）

图5-15　爱莲窝

---

[1] "爱莲窝"匾额已佚。

四、池北水榭

匾额（图5-16）：

延光阁

图5-16 延光阁

　　养性延寿、与日月齐光之水榭。天光云影盈阁，湖山掩映，碧波粼粼，环境十分幽雅，原系七襄公所为行业活动而建，今为茶室。

　　谢孝思书额，行书。谢孝思（1905—2008年），字仲谋，别号槿花楼主，斋名槿花楼，贵州省贵阳市人，长居苏州。自幼受家庭熏陶，酷爱绘画书法，1927年考入中央大学艺术教育科国画组，师从名画家吕凤子、汪采白、徐悲鸿等学习书画。历任贵阳达德中学校长、国立艺专讲师、苏南文化教育学院教授、苏州市教育局、文化局长等。苏州市文联名誉主席，中国书法家协会、美术家协会会员，民进中央参议委员。

五、延光阁西侧小屋

匾额（图5-17）：

思敬居

　　思念敬仰节烈者之居。为纪念死于清咸丰十年（1860年）太平天国之灾的数百人所建。

　　程可达书额，楷书。

图5-17 思敬居

六、响月廊

匾额（图 5-18）：

响月廊

洒满月色的长廊。此廊东临水池，长约十五米，于此可尽情观赏水光山色，享受皎洁月色，额采用了通感的修辞手法。

瓦翁书额，隶书。

对联（图 5-18）：

踏月寻诗临碧沼；

披裘入画步琼山。

图 5-18　响月廊匾额及对联

踏着明月，在碧水滢滢的池边寻觅诗句；披着锦裘，登上白雪皑皑的玉山画中漫游。

款识"王也六作，甲子仲秋郑定忠书"。

七、朝爽亭

匾额（图 5-19）：

朝爽

早晨有的是清爽之气。取《晋书·王徽之传》："西山朝来致有爽气耳！"亭子位于假山之巅，原名"朝爽台"，清爽可人之处。

图 5-19　朝爽

吴进贤隶书额，汉隶。

八、渡香桥

水池西南曲桥额：

渡香桥 [①]

踩着梅、荷双香之桥。桥旁栽有梅花，池中有荷花，桥身低贴水面，人行如临波踏水（图 5-20）。

图 5-20　渡香桥

九、乳鱼亭

匾额（图 5-21）：

乳鱼亭

图 5-21　乳鱼亭

乳鱼，小鱼。宋代王禹偁《诏臣僚和御制赏花诗序》："观乳鱼而罢钓。"有庄子濠梁观鱼之深蕴。

张辛稼书额。

对联之一（图 5-22）：

荷溆傍山浴鹤；

石桥浮水乳鱼。

图 5-22　乳鱼亭对联之一

荷花池傍靠着假山，池中鹤鸟游弋；弧形石板桥浮跨水面，幼鱼戏水。

款识"韩秋岩撰，甲子年九月，程可达书"。

对联之二（图 5-23）：

池中香暗度；
亭外风徐来。

池中荷香幽幽飘来，亭外的清风徐徐吹拂。

款识"朱延春撰，甲子仲秋钱太初"。朱延春，1951 年生，江苏省苏州市人。诗人、画法家、中国画画家，曾在吴门画苑从事书画创作，从学于汤国梨、汪星伯、蒋吟秋先生，诗书画兼擅、有三绝之誉。钱太初（1906—2003 年），名复，字太初，江苏苏州吴江人。他以近代国学大师金松岑为师，曾参加苏州大学《汉语大词典》编纂工作，同时雅擅诗词、书法，为中国书法家协会会员、江苏省书协名誉理事、苏州市书协第一任会长。

图 5-23　乳鱼亭对联之二

十、思嗜轩

匾额（图 5-24）：

思嗜轩

思念先父嗜好白皮红心的"赤心果"枣子。姜垛曾在园中种植枣树几棵，意在表达自己的赤胆忠心，因此思嗜轩也含"永怀嗜枣志"之意。

隶书，款识"甲子中秋，祝嘉"。祝嘉（1899—1995 年），字燕秋，海南文昌人，当代书法理论家、书法家。

十一、浴鸥

小院砖刻（图 5-25）：

浴鸥

鸥鸟洗浴池。鸥鸟翱翔水面，比喻隐居生活的悠闲自在。这里是一个园中园，入门见水，蜗庐成趣。

无款识，陆宏仁 1984 年书。陆宏仁，时任苏州古典园林建筑公司工程师、艺圃修复工程负责人之一。

艺圃（明）

图 5-24　思嗜轩 [1] 匾

图 5-25　浴鸥

① "思嗜轩"字序左右错位。内现有对联："烟霞心与洁；水月性常明"，心灵如缥缈洁净的烟霞一样，品性像晶莹明澈的水月一般之意，款识"甲申观音诞日，吴门王锡麟书"，并挂观音像一幅，内容与思嗜轩意境不符。思嗜轩原有李景仰（李大鹏）书联"朦胧池畔讶堆雪；淡泊风前有异香"，集鉴湖女侠秋瑾《白莲》诗中句，较贴合此处意境。

十二、芹庐

门宕砖额（图 5-26）：

芹庐

图 5-26　芹庐

芹藻之德的才学之士居所，出自《诗·鲁颂·泮水》。这里是一区书房，三代园主袁、文、姜均可称为具有芹藻之德者。

南小屋匾额（图 5-27）：

南斋

南书斋。钱太初书额，隶书。

图 5-27　南斋

北小屋匾额（图 5-28）：

香草居

图 5-28　香草居

忠良之居。自《楚辞》以来，人们都以香草比喻君子、忠良之人。

行书，款识"甲子秋仲，费新我左手书"。费新我（1903—1992 年），学名斯恩，原字省吾，字立千，号立斋，后改名新我。湖州南浔双林镇人。他是用左腕运笔而闻名遐迩的当代著名书法大师，其隶法古拙朴茂，楷书敦厚，行草不受前人羁绊，参以画意，有强烈的节奏感和音乐感。中国书协主席启功先生曾赋诗道："秀逸天成郑遂昌，胶西金铁共林翔，新翁左臂新生面，单势分情韵更长。"作品有长卷《刺绣图》《草原图》。著有《费新我书法选》《怎样学书法》《费新我书法集》等。

西小厅匾额（图 5-29）：

鹤砦

"砦"通"寨"，篱落之意。"鹤砦"为养鹤之所。

行书，款识"甲子白露前一日，霜屋主人张辛稼"。

图 5-29　鹤砦

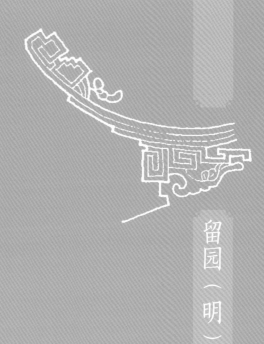

留园（明）

留园位于苏州古城西北阊门外留园路 338 号，为全国首批文物保护单位，与拙政园、北京颐和园、承德避暑山庄并称为中国"四大名园"。

留园始建于明万历年间（1573—1619 年），初为太仆寺卿徐泰时（园卿）之东园；清乾隆时（1736—1795 年）归刘恕（蓉峰），经扩建整修，清嘉庆时易名"寒碧庄"，因地处花步里，又称"花步小筑"，俗呼"刘园"；清同治十二年（1873 年），盛康（旭人）购得此园，名"留园"。

留园集住宅、祠堂、家庵、庭院于一体，是苏州大型古典园林之一，现有面积三十余亩，园分中、东、北、西四部分。

园门

石库门宕砖刻（图 6-1）：

留园

石库门位于住宅和祠堂之间，朝南临街，上有门额"留园"，取"刘园"之谐音而易其义，寓"长留天地间"之意。

无款。魏碑体，阴刻镏金。

图 6-1　石库门（留园）

第一节

中部·山水区

一、门厅

匾额（图6-2）：

吴下名园

图6-2　吴下名园

苏州名园。额下屏门，南是由两千五百块玉石镶嵌的"留园全景图"，北为俞樾撰、吴进贤书的《留园记》（图6-3）。

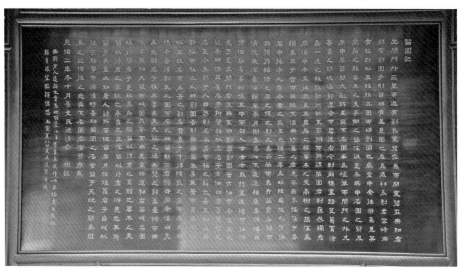

图6-3　俞樾《留园记》全文

题识曰："此曲园老人为盛旭人撰《留园记》中语也，以其建园较晚，能取诸家之长，后来居上，洵笃论也。戊辰中秋顾廷龙，时年八十五。"

抱柱对（图 6-4）：

几处楼台画金碧；
个中花石幻灵奇。

几处楼台如国画中唐代李思训首创的金碧山水般富丽，园内花竹繁茂更有奇石妍巧著称于世。

款署"丙寅秋七月既望，稣溪仁恺，时客沈水之阳"。丙寅为 1986 年，王西野撰，杨仁凯书。杨仁凯（1915—2008 年），号遗民，笔名易木。四川岳池人。中国当代著名学者、书画鉴赏家、书画家、博物馆学家，历任辽宁省博物馆副馆长、名誉馆长等职，和谢稚柳、启功、刘九庵、徐邦达等齐名。

图 6-4 抱柱对

二、曲廊过道

敞厅（猢狲厅）①**匾额**（图 6-5）：

留园

图 6-5 猢狲厅匾（留园）

遭兵燹而独存、能长留天地间的园林。

题识曰："苏州富庶甲天下，金阊门外尤称繁盛。庚申变起，环数十里高台广厦尽为煨烬，惟刘氏一园岿然独存。天若留此名胜之地，为中兴润气也。顾十数年来，水石依然，而亭树倾圯，吾友盛旭人方伯傥寓吴门，慨园之将废也，出资购得之，缮修加

① 按：从石库门入口至留园中部腰门"长留天地间"，一路长廊曲折，利用"蟹眼天井"明暗交替，空间或敛或敞，其间有一处与长廊相接的院落称"南院"，为留园敞厅，俗称"猢狲厅"。

筑，焕然一新，比昔盛时更增雄丽卓然，遂为吴下名园之冠。工既竣，方伯谓：园久以刘氏著称，今拟仍其音而易其义，仿'随园'之例，即以'留园'名。属为书额，因并记其缘起。时光绪丙子秋八月，归安吴云识。"正书。

吴云（1811—1883年），字少甫，号平斋、榆庭、愉庭、抱罍子，晚号退楼主人。安徽休宁人，曾任苏州知府，晚清著名的金石、书画收藏家，斋堂号两罍轩、二百兰亭斋、敦罍斋、金石寿世之居，曾为听枫园主。

敞厅北腰门砖刻（图6-6）：

长留天地间

图6-6 敞厅西北门楣（长留天地间）

风月长留之意。

篆书。款署"伯温"，下有印章"周氏伯温"和"玉堂学士"二枚，另有刘恕"花步""蓉峰鉴赏"二枚闲章。伯温，即元代周伯琦（1298—1369年），字伯温，鄱阳人，官浙江行省左丞。工书法，尤以篆隶真草擅名当时。

三、古木交柯

南墙砖刻（图6-7）：

古木交柯

原有古柏与女贞交柯连理，岁寒不凋，给人以坚贞劲节之感（图6-8）。可惜的是，古柏、女贞已枯死被砍伐，今翠柏、山茶系补植。

行书。款署"此为园中十八景之一，旧题已久摩灭。爰补书以彰其迹。丁巳（1917）嘉平月，道孙郑思照识"。郑思照初为盛康幕僚，后为盛宣怀服务。

图 6-7　古木交柯砖刻

图 6-8　古木交柯

四、绿荫轩

匾额（图6-9）：

绿荫

图6-9　绿荫

绿树成荫。绿荫轩为临水敞轩，西有青枫挺秀，东有榉树遮日（图6-10）。取明代高启《西斋池上三咏·葵花》"艳发朱光里，丛依绿荫边"诗意。

行书。王个簃题。

图6-10　绿荫轩

南庭院墙石匾（图6-11）：

花步小筑

"花步"即"花埠"，指装卸花木的埠头。留园地处花埠，故名。此天井以粉

图6-11 青石匾（花步小筑）

墙作底，立石笋、植天竺，数株书带草点缀其间，一棵爬山虎攀缓而上，俨然一幅立体国画，充满宁静、恬适的书卷气（图6-12）。

隶书。额下款署："蓉峰大兄卜别业于吴昌之花步，相传明太仆徐公故里。其地有池有石，花木翳如，颇有濠濮间趣。今因其旧而稍增葺之。玩月有亭，藏书有阁。招邀朋旧，相与诗酒唱酬，洵中吴之胜地也。嘉庆丁巳春正竹汀居士钱大昕题识。"钱大昕（1728—1804年），字晓征，又字及之，号辛楣，晚年自署竹汀居士。江苏嘉定（今属上海）人。清乾隆十六年（1751年）进士，官至詹事府少詹事，督学广东。朴学大师，博于金石，尤精汉隶。著有《金石文跋尾》《潜研堂金石文字目录》。

图6-12 天井"花步小筑"

五、明瑟楼

楼匾额：

明瑟楼 [1]

莹净新鲜之楼。楼紧傍涵碧山房东侧，面临清澈明净的池水，楼旁青枫如盖，环境清明（图6-13）。取《水经注·济水》"水木明瑟"句意。

楼下额（图6-14）：

恰航

舫舟翩翩，恰好坐两三人，取唐代杜甫《南邻》诗"秋水才深四五尺，野航恰受两三人"意境。

图6-13 明瑟楼

---

[1] 匾额已佚。《留园志》云："明瑟楼旧匾，究竟为何内容，因史料所限，尚不能断定堂构名称是否就是匾额题字。"

图 6-14　恰航

行书。款署"缽翁"，即苏渊雷。

楼下抱柱联（图 6-15）：

　　卅年前曾记来游，登楼看雨，
　　倚槛临风，俯仰已成今昔感；
　　三径外重增结构，引水通舟，
　　因峰筑榭，吟歌常集友朋欢。

　　三十年前曾来此地游览，那时登楼观看潇
潇雨丝，靠着栏杆迎风抒怀，俯仰之间已有今
昔之感；隐居胜地又重添了楼台，引来河水，
通起小船，沿着山峰筑起亭榭，可以在此吟诗
歌咏，经常邀集朋友们欢笑遨游。

　　原为张之万撰书，今董寿平补书。董寿平
（1904—1997 年），山西临汾洪洞人，当代著名
写意画家、书法家。以画松、竹、梅、兰著称，
晚年有黄山巨擘之称，以黄山为题材画山水；
亦善书法，书法苍劲刚健、古朴潇洒、神形兼
备、气度豪放。曾为中国书法家协会顾问，中
国美术家协会会员，北京荣宝斋顾问，全国政
协书画室主任，全国第五、第六届政协委员。

　　楼山摩崖（图 6-16）：

　　　　一梯云

　　以湖石为梯之意。从此处能上明瑟楼，石峰
巧妙将蹬道隐没。取唐代郑谷《少华甘露寺》诗
句"饮涧鹿喧双派水，上楼僧踏一梯云"之意。

图 6-15　楼下抱柱联

图 6-16　一梯云

楼山砖刻（图 6-17）：

饱云

白云弥漫，形容高峻的湖石假山与浮云齐，强化仙居意境。

行书。董其昌书。董其昌（1555—1636 年），字玄宰，号香光，又号思白。江苏华亭（今上海市松江县）人。官至南京礼部尚书，赠太傅，卒谥文敏。书法先后学颜真卿、虞世南、钟繇、王羲之，并参以李邕、徐浩、杨凝式等笔意，疏宕秀逸。为清康熙皇帝所酷爱，是明末杰出的书画艺术大师。

图 6-17　饱云

六、涵碧山房

匾额（图 6-18）：

涵碧山房

图 6-18　涵碧山房

山房浸润着如碧玉之绿水。取宋代朱熹"一水方涵碧，千林已变红"诗意。此为中部主厅，临荷池，山光水影入房来，美不胜收。

小篆。款署"留园主人属篆，香禅居士"。香禅居士即潘钟瑞（1822—1890年），字麟生，号瘦羊，晚年号香禅居士，苏州世族。为长洲县诸生，议叙国子典籍。授馆之余，究心于诗词、书法、金石，著书多种，颇负文誉。

七、闻木樨香轩[①]

匾额（图 6-19）：

闻木樨香

闻桂香而悟禅道。禅宗公案故事，见《五灯会元》卷十七《太史黄庭坚居士》和《罗湖野录》载。

郑定忠 1983 年书。

对联（图 6-20）：

奇石尽[②]含千古秀；
桂花香动万山秋。

景境构成——品题（上册）

① 按：涵碧山房西侧，有一条曲折逶迤、依山势高低起伏的爬山廊，沿着西、北界墙继续延伸，经闻木樨香轩直抵自在处。长廊壁间嵌有名家书法刻石，如明代内阁首辅申时行草书"溪山深秀"、明代吴江松陵勒石名家董汉策所刻"二王法帖"、墨宝等。

② 此联将"尽"错写为"画"，见图 6-20，两字繁体形近。

图 6-19　闻木樨香轩匾额

　　奇石含蕴着千古秀色，秋风吹拂，万山浮动着桂花的香气。上联取自唐代罗邺《费拾遗书堂》诗，因对句"桂"字仄声，故将仄声"怪"字改为平声"奇"字；下联取明代谢榛《中秋宴集》诗句。

　　原为济南郑文源题，王遐举1986年补书。行书。王遐举（1909—1995年），原名克元，号野农。湖北监利人。当代书法家，历任中央文史馆馆员、海峡两岸书画家联谊会会长等职。

八、可亭

匾额（图6-21）：

可亭

　　可心之亭，亭者，停也，在此停留赏景。可亭位于涧口山岛之顶，山上银杏高耸，峰石嶙峋，朴树欹水，池中游鱼戏萍藻，山光倒影，风景佳美，引得游人驻足观赏（图6-22）。草书。无款。

图 6-20　对联

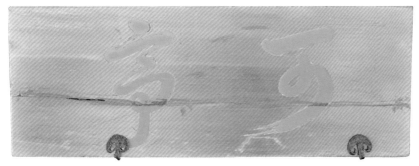

图6-21 匾额（可亭）

图6-22 可亭

九、远翠阁·自在处

楼上匾额：

远翠阁 ①

饱含着遥远翠色。取唐代方干《东溪别业寄吉州段郎中》"前山含远翠，罗列在窗中"诗意。

楼下匾额（图6-23）：

自在处

图 6-23　自在处

心得自在之地，佛教语。见《法华经·序总》："尽诸有结，心得自在。"注云："不为三界生死所缚，心游空寂，名为自在。"多指一种自由自在、无挂无碍的境界。宋代陆游有"高高下下天成景，密密疏疏自在花"诗句，借花的恣心自在之态，表达自我的自在心态。

集文徵明字而成。

十、断霞峰·朵云峰

摩崖（图6-24）：

断霞峰

若片段云霞之峰。取唐代张说《巴丘春作》："日出洞庭水，春山挂断霞。"此峰造型独特，孤生若断云，对影若龟踏元宝，俯视一涵碧水。

刘蓉峰题。刘恕（1759—1816年），字行之，号蓉峰，又号涵碧主人、花步里人、一十二峰啸客等，为留园园主。

图 6-24　断霞峰

摩崖（图 6-25）：

朵云

"朵云"相传为明代文徵明停云馆中旧物，峰背篆刻。此石峰顶今已残缺，《留园志》中说："峰嵌空玲珑，如飞云出岫，又似尖嘴雷神，喝云喷雷。今园中之峰，除冠云、岫云、瑞云之外，此峰应是佼佼者。"

十一、清风池馆

匾额（图 6-26）：

清风池馆[1]

清和之风徐徐吹起，池馆生凉。自《楚辞·九辩》"秋风起兮天气凉"句化出。此馆傍水池东侧而筑，开敞不设门窗，清风徐来，分外舒适（图 6-27）。

图 6-25　朵云峰

[1] 旧匾"清风起兮池馆凉"，已佚。

萧劳补书。行书。

图 6-26　清风池馆

图 6-27　清风池馆

小篆楹联（图 6-28）：

墙外春山横黛色；
门前流水带花香。

墙外的春山献出最美的深青色，门前的流水送来沁人的花香。

篆书。款署"濠叟杨沂孙书"。杨沂孙（1812—1881 年），字子舆，一作子与，号泳春，晚号濠叟，江苏常熟人，道光二十三年（1843 年）举人，官至凤阳知府。工钟鼎、石鼓、篆、隶，尤工篆书，于大小二

图 6-28　小篆楹联

篆，融会贯通，自成一家。篆法精纯，学力深厚。自唐代李阳冰之后，无能有继
承者。

十二、小蓬莱

摩崖（图6-29）：

蓬莱小仙岛。典出《史记·封禅书》载："蓬莱、方丈、瀛州，此三神山者，
在渤海中。"自秦始皇起旧开始人造蓬壶仙境，寄托了人们对纷扰、短促的人生
的超脱心理。

方亭匾额（图6-30）：

图6-29　小蓬莱

濠濮

图6-30　濠濮亭匾

如在濠水桥上看鱼、濮水岸边垂钓。取《庄子·秋水》篇庄子濮水钓鱼和庄子和惠子濠梁问答之意。

行书。款署"林幽泉胜，禽鱼来亲，如在濠上，如临濮滨。昔人谓：会心处便自有濠濮间之想是也。癸亥新秋，老柏"。老柏即楼浩白。楼浩白（1921—1984 年），字再丞，曾用黑白、老柏、白翁等笔名。萧山楼塔人。楼浩白爱好绘画、书法、赋诗。其绘画技巧坚实自然，风格清秀，人物、山水、翎毛、走兽、草虫无一不工；画面题诗情调激昂，意境深广，韵律可歌咏；书承板桥体，又独创风格。苏州市美术家协会与书法家协会会员。

十三、曲谿楼

八角砖细腰门额（图 6-31）：

曲谿 [1]

图 6-31　曲谿

[1]《留园志》云："'曲谿''饱云''鹤所''静中观'等砖匾，应是刘恕建寒碧庄时从苏州一带废园中觅得后移入园中。曲谿楼在嘉庆三年（1798 年）范来宗《寒碧庄记》中不称曲谿，而名西爽。嘉庆六年秋，其楼已称曲谿楼……曲谿砖匾疑是明夏荷园旧物。"一说"西爽"为五峰仙馆前庭西南楼名（俗称西爽），和曲溪楼相通。"西爽"，西山有爽气。出《世说新语·简傲》篇王子猷"西山朝来，致有爽气"语。

"曲豁"即曲水。写意类题咏。用东晋王羲之和文人谢安、孙绰、许询等四十一人兰亭觞咏之典。此地，清流回峀，修竹映带，古树掩映，会意曲水流觞，借景寓情。

款署"徵明"。

第二节

东部·建筑区

一、楠木厅

匾额（图6-32）：

五峰仙馆

图 6-32　五峰仙馆匾额

像庐山五老峰中的仙馆。馆前厅山是写意的庐山五老峰（图6-33）。庐山为历代隐士栖息最密之地，李白尝筑居于庐山，有《登庐山五老峰》诗。题额抓住厅山特征，调动人们的艺术想象加以深化，激起思想的遨游，孕育出耐人寻味的意境。

篆书。款署"旭人老伯大人得'停云馆'藏石，属书是额颜其居。壬辰夏四月，愙斋吴大澂"。壬辰即1892年。

南厅楹联（图6-34）：

留园（明）

图6-33　五峰仙馆前厅山

迤逦出金阊，看青萝织屋，乔木干霄。好楼台
　旧址重新，尽堪邀子敬清游、元之醉饮；
经营参画稿，邻郭外枫江、城中花坞。倚琴樽
　古怀高寄，犹想见寒山诗客、吴会才人。

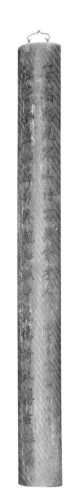

　　迤逦曲折地走出苏州西城阊门，但见青色
的青藤紫萝缠满墙屋，树木参天。楼阁美好，
旧地重新，尽可邀请王子敬这样的风流雅士来
此清游，王禹偁这样的诗人也可在此痛饮美酒
了；留园的经营布局参照画稿：西邻城外寒山
寺，东邻城内桃花坞。抚琴饮酒，思古情深：
真想一睹唐时天台山诗僧寒山子、明唐寅、祝
允明、文徵明、徐祯卿等吴中四大才子的风采。
　　此联原为全椒薛时雨书，后由郭仲选补书。
郭仲选（1919—2008年），号魁举，山东省临
沂人。杭州市政协副主席，曾任西泠印社常务
副社长等。幼时初得塾师张庆岩启蒙临欧阳询
《九成宫醴泉铭》，后攻"二王"兼取孙过庭、
米芾、董其昌诸家，融会贯通入古而化，书作
用笔酣畅淋漓，秀丽俊雅，清劲潇洒，又受兰

图6-34　南厅楹联

陵书家王思衍影响，是当代书家在帖学领域卓有成就者。其行书纵横驰骤，顿挫从容，舒展自然，雄秀兼备，既蕴缥缈萦带之体势，又存劲健洒脱之风神，且点线畅如行云流水，无丝毫飘浮游离之嫌，极富韵致，人称"郭体"。楷书结体方正，外见筋骨，内含刚健，于高简中寓浑穆，文静中显峻利，平正中出险绝。行书则尤为世人所推重，以其"秀"之本色，占据一席之地。兼擅榜书，雄浑凝练，风神高华，体现出一种宏丽博大之美。

北厅楹联（图6-35）：

读《书》取正、读《易》取变，读《骚》取幽，读《庄》取达，读《汉文》取坚，最有味卷中岁月；与菊同野，与梅同疏，与莲同洁，与兰同芳，与海棠同韵，定自称花里神仙。

图6-35　北厅楹联

读《尚书》取其雅正，读《易经》取其善变，读《离骚》取其幽思，读《庄子》取其放达，读《汉书》取其精核，最具味道的是潜心在书中的时光；与菊花同拙朴，与梅花同疏朗，与莲花同高洁，与兰花同芬芳，与海棠同风韵，一定会自称是花里的神仙。

苏州状元陆润庠撰书。

大理石天然画插屏（图6-36）题铭：

此石产于滇南点苍山，天然水墨图画，康节先生有句云："雨后静观山意思，风前闲看月精神"，此景仿佛得之（图6-37）。

图6-36　雨过天晴图

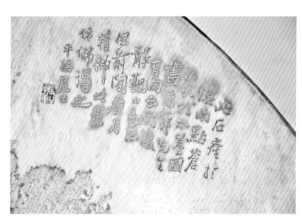

图6-37　插屏题铭

此大理石产于云南点苍山山中，石面纹理好似群山、瀑布、流云等，正中上方的朦胧石晕恰成云中月，仿佛是自然形成的一幅水墨图画。康节即宋邵雍，联语取邵雍《安乐窝中酒一樽》中有诗句，说雨后静观青山更有意思、风前闲看月亮更显精神，这幅画得此意境。

平梁居士题识。平梁居士，即王毓辰，字伴青，号振轩，又号平梁居士。浙江长兴人，同治六年（1867 年）举人，官景山官学教司。归里后，主讲箬溪书院，工书、画、金石，花卉、人物靡不精妙，最长山水，以倪瓒、王蒙、查士标诸大家为宗。

二、楠木厅后院耳室

匾额（图 6-38）：

汲古得修绠

图 6-38　耳室匾（汲古得修绠）

打深井里的水要用长绳子，比喻钻研古籍时要用正确的方法下足功夫。语出《荀子·荣辱》《庄子·至乐》。唐代韩愈《秋怀》诗之五："归愚识夷涂，汲古得修绠。"钱定一补书。行书。

三、楠木厅东侧书房

匾额：

还读我书斋 [1]

耕种后返回我读书的地方。取陶渊明《读山海经》诗中"既

---

[1] 匾额已佚。

耕亦已种，时还读我书"句意名之。刘氏时称"还读馆"，盛氏时称"还读我书斋"，书斋是一座二层小楼，前有安静闲适的封闭式庭院，楼下西墙屹立一湖石累粟峰，暗喻"书中自有千钟粟"。

四、楠木厅前庭东南门宕

砖刻（图6-39）：

鹤所

养鹤之所。昔日，仙鹤与五峰仙馆前厅山上的青松相伴，恰好构成了一幅活

图6-39　鹤所

的松鹤长寿图。原为住宅入园通道。

款署"徵明"。

五、揖峰轩·石林小院

半亭西门宕砖额（图6-40）：

静中观

图6-40　静中观

精神贯注专一地观察事物内涵。取唐代刘禹锡《宿诚禅师山房题赠二首》之一："众音徒起灭，心在净中观"诗意。

隶书。款署"庚申九秋，朱彝书"。朱彝，字小尊，号铁岸道人，安徽芜湖人。擅书法、能绘画，其画传神极妙，并工花卉，后入上海制造局绘图处。

半亭东门宕砖额（图6-41）：

揖峰轩

揖拜秀峰之轩。取宋代朱熹《游百丈山记》"前揖庐山，一峰独秀"句意，园主痴石，效法米芾拜石。

行书。无款。

书房匾额（图6-42）：

揖峰轩

行草。款署"甲子年二月上旬，林散之"。

图 6-41　砖匾揖峰轩

图 6-42　书房匾揖峰轩

大理石挂屏联（图 6-43）：

汉柏秦松骨气；

商彝夏鼎精神。

　　如汉柏秦松般长青不老的气骨；似商彝夏鼎精神亘古长存。大挂屏嵌有四十块大理石（图 6-43），中间一石如有一老者，题款"仁者寿"，横批"明志致远"。

留园（明）

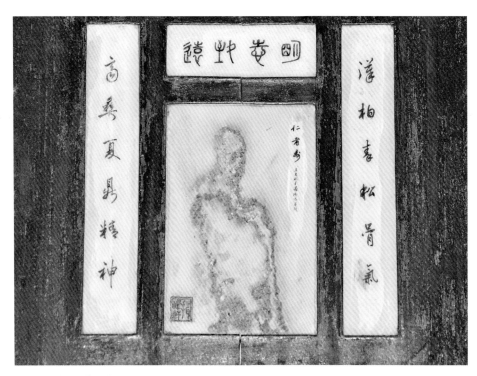

图 6-43　大理石挂屏联

书房对联（图 6-44）：

蝶欲试花犹护粉；

莺初学啭尚羞簧。

图 6-44　揖峰轩对联

蝴蝶想试花还要护着花粉，流莺刚学唱尚且羞听笙簧。出自唐代皮日休《闻鲁望游颜家林园病中有寄》诗。

原为郑板桥六分半书绣品，吴瀚补书。

石林小院匾额（图6-45）：

石林小院 ^①

图6-45 石林小院

聚石成林、赏石涤襟之小院。园主刘恕爱石重道，著有《石林小院说》。用文人爱石、友石、赏石之典，唐宋以来，白居易颂石，米芾拜石，宋代词人叶梦得自号石林居士，居石林精舍；等等。石林小院牡丹花台中，有一湖石晚翠峰，质地青润有"烟翠三秋色"诗意，形则如一低头苍鹰，俯视着下面形似猎狗的湖石，名"鹰斗犬"，俗称"鹰斗猎狗"。

石林小屋匾额（图6-46）：

洞天一碧

"洞天一碧"本为宋米芾珍藏的一块名石。神仙洞府中的别有一方碧绿天地。这里用来比况，亭之后墙及左、右侧墙各开洞窗，蕉叶、翠竹从窗洞延入屋内，俨如一幅幅立体的国画。

谭以文书。行书。

石林小屋对联（图6-47）：

曲径每过三益友；
小庭长对四时花。

① 已佚。《留园志》载洞天一碧处曾挂有"石林小院"匾额。

图 6-46　洞天一碧

曲曲的小路每次来往的是三种有益的朋友，小小的庭院经常面对的是四季盛开的鲜花。"三益友"，出自《论语·季氏》篇引孔子的话：有益的朋友三种人：正直的人、信实的人和见闻广博的人。

行草。款署"老莲"。老莲，即陈洪绶。陈洪绶（1599—1652 年），幼名莲子，一名胥岸，字章侯，号老莲，别号小净名，晚号老迟、悔迟，又号悔僧、云门僧。浙江诸暨人。明末清初著名书画家、诗人。作书严循中锋用笔之法，他深谙掌竖腕平执笔的奥秘和"回藏""提按""顿挫""绞衄""呼应"等等笔法要略，《艺舟双楫》列其行书于逸品上。

六、东园

门楣额（6-48）：

东园

通往林泉耆硕之馆的门楣额。盛家在 1888 年至 1891 年新辟东园，即今林泉耆硕之馆、东山丝竹、冠云峰、冠云楼、待云庵周围一带。

许南湖书。篆书。许南湖（1906—2000 年），

图 6-47　石林小屋对联

图 6-48　东园

江苏昆山周庄人，当代书画家，黄宾虹入室弟子。

七、鸳鸯厅

北厅篆书匾额（图 6-49）：

林泉耆硕之馆

老人和隐士名流游憩之所。

图 6-49　林泉耆硕之馆

款署"吴县汪东"。汪东(1890—1963年),原名东宝,后改名东,字旭初,号寄庵,别号寄生、梦秋,苏州世族,章太炎先生高足,著名词学家,曾任中央大学文学院院长,工书画。

南厅行书匾额(图6-50):

奇石寿太古

奇异的石峰乃太古时代所留。

图6-50 奇石寿太古

原额为清代张之万所书,有跋语云:"相传前明东园久废,惟湖石一峰,历数百年岿然独存,曩刘氏园中所未有也。""一峰"指馆北的冠云峰。今为谢孝思补书。

北厅屏对(图6-51):

餐胜如归寄心清尚;

聆音俞漠托契孤游。

欣赏自然美景，如归家般惬意，清高之情，寄之自然；聆听山水清音，逾感冷寂静谧，寄托交情，隐逸流派。"寄心清尚"和"托契孤游"两句取自东晋陶渊明的《扇上画赞》诗；"俞"古同"愈"，"聆音愈漠"取自陶渊明《自祭文》。

隶书。款署"裕麒仁兄观察大人大雅，磊堪张祖翼"。张祖翼（1849—1917年），字逖先，号磊盦、磊堪、磊龛、濠庐。因寓居无锡，又号梁溪坐观老人，安徽桐城人。近代著名书法家、篆刻家、金石收藏家。擅写篆、隶书，篆宗石鼓、钟鼎书，隶法汉碑，刻印师邓石如。亦工行楷，其书法作品俱有韵致。

南厅屏对（图6-52）：

瑶检金泥封以神岳；
赤文绿字披之宝符。

御书玉玺，封禅五岳，求得神仙保佑；《河图》《洛书》，道教经籍，盖上皇帝印章。

楷书。款署"玉书观察仁兄大人雅鉴，渊若汪洵书"。汪洵（？—1915年），字子渊，号渊若，原名学瀚，字渊若，阳湖（今江苏常州）人。光绪十八年（1892年）进士，授编修。汪洵工诗能文，兼精篆、隶，以真书和篆书为主，其真书间架峻整，苍劲挺括，篆书上摹秦汉，古雅浑厚，行书从真书化出，与真书相得益彰。少时喜刻印，所用印皆自作。工花卉、草虫，秀逸可爱，唯不轻动笔，鲜有

图6-51 北厅屏对

图6-52 南厅屏对

知其能画者。暮年鬻书沪上二十年。

北厅抱柱联（图6-53）：

胜地长留，即今历劫重新，共话绉云来父老；
奇峰特立，依旧干霄直上，旁罗拳石似儿孙。

形胜之地长留，历经劫难今又重新，父老们来此共话三峰秀色；奇峰卓然独立，依旧是直上云霄，拳石如儿孙般旁边罗列。

行书。款署"甲子七月上澣，徐穆如，时年八十一"。

八、盛氏戏楼旧址

门楣额（图6-54）：

东园一角

盛氏戏台久已废圮，新中国成立初辟为"东园一角"，园中筑八角小亭一座，点辍花台、石峰，广植牡丹、桂花、海棠和松、竹、梅等。

额为汪星伯书。隶书。汪星伯（1893—1979年），名景熙，苏州人，著名学者，琴棋书画、篆

图6-53 北厅抱柱联

图6-54 东园一角

刻、鉴赏、中医无不精通。20世纪50年代初首任苏州园林管理处园管科副科长。

门宕砖刻（图6-55）：

图6-55　东山丝竹

图6-56　日花峰

东山丝竹

　　追慕东晋谢安隐居会稽东山时的风流逸韵，陶情于丝竹管弦之乐。

　　楷书。款署"留园主人题，寄翁题"。寄翁即任道镕（1823—1906年），字筱沅，号寄鸥，江苏宜兴人，道光二十九年（1849年）拔贡，官至浙江巡抚。

湖石摩崖（图6-56）：

日花峰

　　此石根若含太湖浪，取唐代白居易《忆江南》"日出江花红胜火，春来江水绿如蓝"诗意。

　　款署"蓉峰"。

九、盛氏家庵

匾额：

待云 ^①

等待云来，有"山门不闭待云来"的禅味。庵西为留园冠云峰、浣云沼、冠云楼等，均以"云"字为名，故待云庵又作贮云庵，积存诸"云"美色之庵。

庵堂外廊壁砖刻（图6-57）：

白云怡意　清泉洗心

留园（明）

图6-57　白云怡意　清泉洗心

录唐代李邕《叶有道碑》八字联。白云愉悦心志，自梁代陶弘景《诏问山中何所有，赋诗以答》一诗化出；清泉荡涤杂念，自《易·系辞上》"圣人以此洗心"句化出。这是浸染禅悦的哲理联。

亭额（图6-58）：

亦不二

---

① 一作"待云山房"，匾额已佚。

图6-58　亦不二

佛教语。言直接入道、不可言传的法门，出自《维摩诘经·不二法门品》。此亭面对贮云庵，亭北一片竹林，为佛教教义的化身，题额贴切。

篆书。无款。

十、三峰

石峰摩崖（图 6-59）：

冠云峰

腾云驾雾高为群峰之冠的假山石。取《水经注》"（燕王仙）台有三峰，其为崇峻，腾云冠峰，高霞翼岭，岫壑冲深，含烟罩雾"句意名之。瑞云峰、岫云峰出处亦相同。

石峰摩崖（图 6-60）：

瑞云峰

如祥瑞云彩之峰。

石峰摩崖（图 6-61）：

岫云峰

峰峦含烟的假山石。

图 6-59 冠云峰

留园（明）

图 6-60　瑞云峰

图 6-61　岫云峰

十一、浣云沼

摩崖:

浣云沼 ①

池在冠云峰南,三峰名中皆有"云"字,倒影池中,如洗云,故名浣云沼。

十二、冠云楼

楼下匾额(图 6-62):

仙苑停云

图 6-62　冠云楼匾额

　　三峰如友停留于此,望之如蓬莱仙苑。出自陶渊明"思亲友"的《停云》诗其二首:"停云霭霭,时雨濛濛。"

　　楷书。款署"一九五三年十二月,尹默"。尹默即沈尹默(1883—1971年),原名沈君默,字中,号秋明、瓠瓜,别号鬼谷子。浙江湖州人。著名的学者、诗人、书法家、教育家。一生追求学术与进步,书坛泰斗,民国初年,书坛就有"南沈北于(右任)"之称。谢稚柳教授认为:"数百年来,书家林立,盖无人出其右者。"

---

① 未见。

楼下对联（图6-62）：

> 鹤发初生千万寿；
> 庭松应长子孙枝。

白发初生寿千万，庭院松树应长出子孙枝。出句取自宋代苏轼《朱寿昌郎中，少不知母所在，刺血写经，求之五十年，去岁得之蜀中。以诗贺之》诗；对句取自苏轼《万松亭》诗。

陈鸿寿书。行书。

十三、冠云亭

匾额（图6-63）：

冠云

图6-63　冠云亭

亭在冠云峰旁，以峰名亭。

隶书。无款。

十四、冠云台

匾额（图6-64）：

图 6-64　冠云台匾（安知我不知鱼之乐）

你怎么知道我不知道鱼的快乐？取自《庄子·秋水》篇中庄、惠问答之句。

苏局仙 1984 年补书。行书。

十五、佳晴喜雨快雪之亭

匾额（图 6-65）：

佳晴喜雨快雪之亭①

图 6-65　佳晴喜雨快雪之亭

---

① 此处原为楼厅，名"亦吾庐"，
取陶渊明诗"吾亦爱吾庐"之
意，1953 年改建成亭，亭名
袭用楠木厅北院已毁亭旧名。

四时景物晴雨皆美之亭。佳晴，集自宋代范成大"佳晴有新课"诗句；喜雨，取《春秋谷梁传》中"喜雨者，有志于民者也"句意；快雪，取自晋代王羲之《快雪时晴》帖。

集王羲之字。王羲之（303—361年，一作321—379年），字逸少，东晋琅琊（今属山东临沂）人，后迁会稽山阴（今浙江绍兴），晚年隐居剡县金庭。王羲之的《兰亭集序》为历代书法家所敬仰，被誉作"天下第一行书"。王兼善隶、草、楷、行各体，精研体势，心摹手追，广采众长，备精诸体，冶于一炉，摆脱了汉魏笔风，自成一家，影响深远。其书法平和自然，笔势委婉含蓄，遒美健秀，用笔细腻，结构多变。其书法影响了一代又一代的书苑。唐代的欧阳询、虞世南、诸遂良、薛稷、颜真卿、柳公权，五代的杨凝式，宋代的苏轼、黄庭坚、米芾、蔡襄，元代的赵孟頫，明代的董其昌，这些历代书法名家对王羲之心悦诚服，因而享有"书圣"的美誉。

第三节

北部·田园区

一、北部界亭

砖刻（图 6-66）：

又一村

图 6-66　又一村

盛氏时这里一片菜畦、花坞，颇具田园风味。1953年改为花圃和盆景园，春天时桃杏、海棠烂漫一片，依稀可见昔日江南田园风光。额取宋代陆游《游山西村》"山重水复疑无路，柳暗花明又一村"诗意。

行书。无款。洞门东西门宕皆有题刻。

二、小桃坞

匾额（图6-67）：

小桃坞

图6-67　小桃坞

取意于东晋陶渊明的《桃花源记》，意谓桃树成林，鲜草繁茂，人人丰衣足食，怡然自乐，不知世间有祸乱忧患的与世隔绝的乐土。

楷书。款署"丙寅夏，许宝骙"。许宝骙（1909—2001年），生于浙江杭州，1932年毕业于燕京大学哲学系，后在广州、北京多所大学任教。并投身于抗日救亡运动，是"中国民主革命同盟"的重要发起人之一。民革团结报社社长、总编辑，是第六、第七届全国政协常委和文史资料委员会副主任。

对联之一（图6-68）：

名花未落如相待；
佳客能来不费招。

美丽的鲜花还没有凋落，好像有所等待；受欢迎的客人不用费力地招呼就来了。出句脱胎于唐代杜甫《后游》诗："江山如有待，花柳更无私。"对句取自清代毛怀和黄钺联。

行书。款署"寿平"。恽寿平（1633—1690年），

图6-68　对联之一

初名格，字寿平，后以字行，改字正叔，号南田，又号云溪外史、白云外史、东园客、巢枫客、草衣生、横山樵者、瓯香散人等，江苏武进人。与"四王"（王时敏、王鉴、王翚、王原祁）、吴历并称"清初六大家"。

对联之二（图6-69）：

春归花不落；

风静月常明。

图6-69　对联之二

春天虽已离去，但鲜花依然绽放；无风时万籁宁静，月亮永远朗照尘世。寓意春长在、月常明，精神永存。

集《汉鲁峻碑》字联。碑主人鲁峻，字仲严，山阳（故治在今山东金乡县西北四十里）昌邑人。官至司隶校尉、屯骑校尉。熹平元年卒于住所，终年六十二岁。次年4月，门生故吏于商、马萌等三百二十人为之树碑颂德。

三、花房

砖刻（图6-70、图6-71）：

南花房　北花房

培育花木的暖房，盛氏时就有，因位置在南，故名"南花房"，现为花卉生产场地。因位置在北，故名"北花房"，现为盆景工作场地。

隶书。无款。

图 6-70　南花房

图 6-71　北花房

第四节

西部·山林区

一、西部小门

门楣额（图6-72）：

别有天

图6-72　别有天

"别有天"就是"别有洞天"，这里将又是一个洞天福地。

隶书。无款。

二、水榭

匾额（图6-73）：

活泼泼地

行书。款署"开轩凭栏，仰观俯察。鸢飞戾天，鱼跃于渊，万类竞秀，天机活泼。楼浩白题句，八二叟吴进贤书"。

鸢飞鱼跃、天机活泼、怡然自得之地。这是一座韵味隽永的临溪小榭，一弯溪水自阁下蜿蜒流淌，水中有游鱼，桃花临水岸，飞鸟跃林间，一片生机盎然（图6-74）。

图 6-73　活泼泼地匾额

图 6-74　活泼泼地

三、缘溪行

小溪尽头廊壁额（图 6-75）：

缘溪行

沿着小溪行走。取陶渊明《桃花源记》"缘溪行，忘路之远近。忽逢桃花林，夹岸数百步，中无杂树，芳草鲜美，落英缤纷"意境。

隶书。无款。

图 6-75　缘溪行

四、射圃

小亭匾额（图6-76）：

君子所履

君子所履行的道德规范。见《诗经·大东》："君子所履，小人所视。"

款署"丁亥七月初，田遨，时年九十"。田遨（1918—2016年），原名谢庚会、谢天璇，出身于书香门第，父亲是前清进士，由于家学渊源，从小对诗词书画广泛涉猎，亦擅书法。历任中国作家协会会员，中国诗词研究院副院长，台北故宫书画院名誉院长，客座教授，上海文史研究馆官员，上海作家协会会员，上海诗词学会顾问，中日俳句交流协会理事等。

对联（图6-76）：

今日还宜知此味；
当年曾记咬其根。

图6-76　君子所履匾额及对联

今天还应该知道这些蔬菜的滋味，当年也曾经咬过菜根。取清代于敏中自题蔬圃门联。古人认为，吃得菜根，方能任大任。

行书。款署"君子所履亭原有此联，今补书之，丁亥夏月，崔护，时年八十又五"。

北亭匾额（图 6-77）：

至乐亭

最大的快乐就是无为之乐。出自《庄子·至乐》："至乐无乐，至誉无誉。"认为世俗之"至乐"即富贵、寿高、名声好、华衣足食等，人们为了得到群起而奔竞劳苦，并不快乐，只有无为才是真乐。

隶书。葛鸿桢题。葛鸿桢，生于 1946 年，号省之，祖籍浙江宁海。毕业于北京师院（今首都师范大学），现为中国书协培训中心教授，江苏省书协学术委员，苏州市书协副主席兼学术委员会主任，苏州教育学院副教授，江苏省花鸟画研究会会员。

图 6-77　至乐亭

南亭匾额（图 6-78）：

舒啸亭

舒气长啸之亭。取陶渊明《归去来兮辞》中"登东皋以舒啸"句意。

隶书。款署"癸亥秋，吴进贤，时年八十又一"。

图 6-78　南亭匾额

天平山庄（明）

天平山庄位于苏州城西南十五公里的天平山麓。天平山古称"白云山"，山巅平整，可容数百人，故名"天平山"。据《吴县志》载：范仲淹曾、祖、考三世葬山右麓。故又名"范坟山"。宋仁宗将此山赐给范仲淹，因名"赐山"。

明万历四十三年（1615年），范仲淹十七世孙范允临从福建弃官归苏，为追念先祖，傍山筑"天平山庄"。清康熙年间（1662—1722年），范必英在山庄建"范参议公祠"以纪念范允临。乾隆间又改名"赐山旧庐"。

今"天平山庄"包括高义园、赐山旧庐、白云古刹、范公祠等区，以廊庑相联。

天平圣迹

第一节

天平山庄入口

一、天平山石牌坊

牌坊额（图 7-1）。

高义园

图 7-1　高义园牌坊

　　乾隆取杜甫诗中"辞第输高义，观图忆古人"之意，赞赏范仲淹为国忘家的"云天高义"。牌坊位于接驾亭南，汉白玉结构，制作精美。

　　正书。款署"乾隆十六年辛未三月十八日赐"。乾隆六下江南，曾四次到天平山，坊额"高义园"为 1751 年乾隆第一次南巡游天平山时手书。

二、接驾亭

匾额：

接驾亭[①]

接驾亭是迎接乾隆皇帝车驾之亭，原亭已毁废，1982 年重建。1989 年于亭内立碑，碑北为《天平山名胜重修记》，碑南刻程可达书"天平胜迹"（图 7-2）。接驾亭为旧时进入天平山庄的主入口。接驾亭北

① 匾额已佚。

图 7-2　接驾亭

就是十景塘、宛转桥，明代张岱《陶庵梦忆》载："园外有长堤，桃柳曲桥，蟠曲湖面，桥尽抵园。园门故作低小，进门则长廊复壁，直达山麓。其绘楼幔阁，秘室曲房，故故匿之，不使人见也。"当年之景，依稀可见。

三、御碑亭

匾额（图 7-3）：

御碑亭

图 7-3　御碑亭

将乾隆皇帝临幸天平山的四首诗作刻于碑身之亭。亭外还有石刻"御碑亭"。匾额为王个簃书。篆书。

御碑阳（图 7-4）：

文正本苏人，坟山祠宇新。千秋传树业，一节美敦伦。

魏国真知己，夷维转后尘。天平森翠笏，正色立朝身。

乾隆辛未春御笔

御碑阴（图 7-5）：

蹬道下灵岩，名园寻高义。雾烟敛寥廓，韶光邑明媚。载遇文正祠，默读《义田记》。春和对芷兰，复缅后乐志。白云千载心，名山五经笥。我自勤政人，流连未可恣。乾惕意弥厪，智仁怀偶寄。

游高义园作　乾隆丁丑春二月御笔

 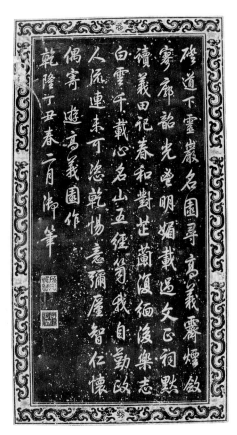

图 7-4　御碑正面（南）　　　　　图 7-5　御碑背面（北）

御碑东侧（图 7-6）：

七百余年地，天平尚范家。林泉宁彼爱，景概致予嘉。

树即交让树，花为能忍花。舜之徒是矣，循路喜无差。

庚子仲春月下瀚御题

御碑西侧（图7-7）：

名园弗一足，高义独称芗。
岂不因行懿，宁惟擅景芳。
座陪梅馥细，堤拂柳丝长。
春色已如许，农工廑悮忙。

游高义园作，甲辰季春月之上瀚御笔

四、正门

匾额：

天平山庄 [①]

天平山庄依天平山坡地势而建，位于白云古刹东，建筑群占地约五千三百平方米，分为东西两区，东为赐山旧庐，西为高义园。

东西月洞门砖刻（图7-8、图7-9）：

仁寿　智乐

"仁者寿""智者乐"的缩语，见《论语·雍也》篇，谓仁人长寿，聪明的人快乐。隶书。无款。

图7-6　御碑东侧　　图7-7　御碑西侧

图7-8　仁寿

图7-9　智乐

月洞门外额（图7-10）：

泽被山林

皇帝的恩泽遍及山林。因天平山庄与乾隆有关，故有此颂圣之词。篆书。无款。

① 匾额已佚。

图 7-10　泽被山林

第二节

高义园

一、乐天楼[1]

匾额（图 7-11）：

① 乐天楼，一名"藏书楼"，又名"御书楼"，旧称宸翰楼，"宸翰"，帝王墨迹所在，曾经收藏乾隆皇帝几次游览天平山时所书匾额、楹联、诗歌手迹及石刻拓本，1982年重建。

乐天楼

图 7-11　乐天楼匾

白居易，字乐天，唐宝历元年（825年）曾任苏州刺史，常来此山游览、下榻、读书，此以其字名之。

费新我书。行楷。

对联之一（图7-12）：

万笏皆从平地起；
一峰常插白云中。

山石犹如百官上朝时手中所握的笏板，从平地上突兀而起；山顶上的那座卓笔峰仿佛永远插在白云里。

隶书。款署"嘉禾范玉琨旧联，吴进贤书"。范玉琨，清嘉道时人，字吾山，嘉兴人。

对联之二（图7-13）：

老树荫浓新雨后；
空山寂静夜禅初。

老树茂盛，浓荫遮地，新雨过后树叶更葱绿；空山寂静，黑夜来临，开始焚香坐禅。

楷书。款署"支山居士旧联，癸亥年夏五月程可达书"。"支山居士"，即明代祝允明，号枝山。

二、恩纶亭（乐天楼东院）

乐天楼两侧有小院，东院较大，旧称山园，有方亭立于池石中，名恩纶亭，旧亦名"御书亭"，为1982年重建，亭中置碑文一块。

门楼砖刻（阳面）（图7-14）：

恩纶亭

恩纶，即帝王降恩的诏书。语本《礼记·缁衣》："王言如丝，其出如纶。"清乾隆十年（1745年），范仲淹第十八世孙山西大同知府范瑶为谢赐圣驾临幸而建，以示皇恩浩荡。

图7-12 对联之一

图7-13 对联之二

篆书。无款。

图 7-14　门楼砖刻（阳面）

门楼砖刻（阴面）（图 7-15）：

扬休

图 7-15　门楼砖刻（阴面）

"扬"通"阳"。阳气生养万物。见《礼记·玉藻》："头颈必中，山立，时行，盛气颠实扬休，玉色。"

楷书。无款。

楼下门墙题额（图7-16）：

中宪公祠

图7-16　中宪公祠门墙

"中宪公"是对范仲淹次子范纯仁的尊称。范纯仁，字尧夫，官至侍御史，属于"中宪"，尧夫有"麦舟救人"的义举。

正书。无款。

楼上方亭匾额（图7-17）：

逍遥亭

"逍遥"即优游自得，安闲自在，名利皆抛。取《诗经·白驹》："所谓伊人，於焉逍遥。"

仿文徵明草体。

图 7-17 逍遥亭

四、高义园

正厅横匾（图 7-18）：

高义园

图 7-18 高义园

乾隆御笔，此匾的四框有五龙相绊，故名"五龙绊匾"。此为复制品，原件藏于苏州园林博物馆。

正厅乾隆御诗碑（东碑）（图 7-19）：

纤磴下灵岩，天平秀迎目。

即夷度溪町，菜黄春麦绿。

入松复里许，山庄清且淑。

林泉迥明净，兰苣纷芳馥。

葱蒨入窗户，云烟润琴牍。

午桥义何取，涞水乐非独。

经临望祠宇，徘徊慕高躅。

文正之子孙，家风尔其勖。

正厅乾隆御诗碑（西碑）（图7-20）：

吴会众山镇，天平万笏朝。　飞来峰拔地，林立石干霄。

茶坞西邻近，支硎北户招。　势连高景秀，气接太湖潮。

是日春方仲，行时兴倍饶。　灵岩盘岭路，功德访云寮。

芳玉溪梅绽，柔金陌柳摇。　行行见别墅，缓缓度横桥。

宛到前游处，闲看旧咏标。　名园实潇洒，古迹半荒寥。

文正风犹在，梓桑泽未遥。　小停憩闲馆，更进步层椒。

翠樾苂虎密，苍岩突兀峤。　庵传远公法，泉溯白翁谣。

绝顶高无匹，三吴望里要。　未称元气复，用是一心焦。

丁丑春二月游天平山十六韵御笔

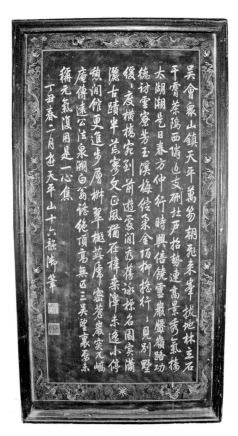

图7-19　乾隆御诗碑（东碑）　　图7-20　乾隆御诗碑（西碑）

对联（图 7-21）：

想子美高标水流云在；
意尧夫旷致月到风来。

杜甫，字子美，在其诗《江亭》中有"水流心不竞，云在意俱迟"句；宋代理学家邵雍，子尧夫，有《清夜吟》诗曰："月到天心处，风来水面时。"联语还别有深意："子美"，也是宋代沧浪亭主诗人苏舜钦的字；"尧夫"，正是范仲淹的次子范纯仁的字。以杜甫拟苏舜钦，以邵雍况范纯仁，言在此而意在彼，令人幽思绵绵，堪称妙构。

原为陈弈禧书。陈弈禧，字六谦，清海宁人，曾任南皮知府，工书法。今为沙曼翁补书。隶书。

图 7-21　对联

第三节

赐山旧庐

一、范参议公祠

正门匾额（图 7-22）：

范参议公祠

图 7-22　范参议公祠

"范参议"即范仲淹的第十七世孙范允临。范允临，字长倩，明万历二十三年（1595年）进士。书画艺术家，与董其昌齐名。曾任云南提学检事，后任福建参议，未到任即告归。捐田千亩，以助族人修葺庙祠之用，又筑天平山庄别业。族人感其德义，遂于康熙年间建范参议祠。

楷体。款署"八十二叟馨子"。馨子，即张继馨，生于1926年，擅山水花鸟，苏州市美术家协会名誉主席，苏州当代书画家。

仪门牌额（图7-23）：

丕承前烈

图7-23 丕承前烈

继承前人大功业。

楷体。款署"庚申八月汪凤瀛书"。

主厅匾额（图7-24）：

岁寒堂

取《论语·子罕》篇之"岁寒，然后知松柏之后凋也"句意。范仲淹家堂名，称对植二松为"君子树"，见范仲淹《岁寒堂三题并序》载。这里周围植松、竹、梅，厅东西两壁悬四幅松柏图，与堂名相得益彰。

隶书。款署"凤先生"。吕凤子（1886—1959年），原名浚，字凤痴，号凤子，别署凤先生，江苏丹阳人。著名画家、美术教育家，曾任中央大学艺术科教授、正则艺专校长、国立艺术专校长、江苏师范学院教授、江苏省国画院筹委会主任委员、江苏省美协副主席等。他以其罗汉画和"凤体"书法取得了一生中艺术的最高成就，培养了如朱德群、吴冠中、李可染、刘开渠、王朝闻等一大批当代中国美术大家，在中国美术史和美术教育史上留下了重要一页，被誉为中国美术界的"百年巨匠"。

图 7-24　岁寒堂

东西门宕砖刻（图 7-25、图 7-26）：

　　　　　　　承先　启后

图 7-25　承先

图 7-26　启后

继承先祖。启示后人。

草书。无款。

二、水园

小屋匾额（图 7-27）：

　　　　　　　芝房

图 7-27　芝房

灵芝生成之房。灵芝，又有瑞
芝、瑞草之称，为仙品。唐代许敬
宗《游清都观寻沈道士得清字》诗曰：
"蕙帐晨飙动，芝房夕露清。"

文徵明体。

小屋对联（图 7-28）：

> 屏心云气山开画；
> 树里檐声雨满堂。

屏中似乎被云岚雾绕，青山如天
开图画；满堂响着从树丛中从屋檐下
传来的滴滴答答的雨声。沈周诗联。

草书。款署"石田联句，瓦翁
书。"石田，即沈周。

方亭匾额（图 7-29）：

图 7-28　小屋对联

听莺阁

图 7-29　听莺阁

聆听黄莺悦耳动听的鸣叫。天平山多黄莺。取唐韦应物"东方欲晓曙花溟
溟，啼莺相唤亦可听"诗句意。

行书。款署"新我左笔"，费新我左手书。

亭柱对联（图 7-30）：

鱼戏应同乐；
莺闲亦自来。

亭前方池中的游鱼在愉快地游动，给人以鱼戏莲叶间的联想，黄莺闲来无事，也不请自来凑个热闹。取宋代余靖"鱼戏应同乐，鸥闲亦自来"诗句生发。

草书。瓦翁书。

方池壁额（图 7-31）：

鱼乐国

水池水面低平似深渊，鱼游其中，取《庄子·秋水》篇中庄子和惠子濠梁问答之意。

行书。无款。

堂匾额（图 7-32）：

寤言堂

在室内面对面促膝长谈，为名士聚会的一种方式，取晋代王羲之《兰亭集序》中的"寤言一室之内"意。此处旧为休养之所。

行楷。款署"范允临旧额"。

图 7-30 亭柱对联

图 7-31 鱼乐国

图 7-32　窬言堂

廊外门宕砖刻（图 7-33）：

来燕榭

燕声呢喃，安宁祥和。

行书。无款。

图 7-33　来燕榭

廊联（图 7-34）：

无风山自由；

有主燕还来。

图 7-34 来燕榭廊联

取宋代僧斯值诗句，表现禅家的一种幽独、孤寂心理。

隶书。款署"山阴周庸邨"。周庸邨（1900—1998 年），原名榕村，字定耄，号昔一居士，山阴县（今绍兴）人，中国民主同盟成员。曾为中国书法家协会会员、浙江省书法家协会名誉理事。

平台砖刻（图 7-35）：

缤经台

缤，即"翻"，翻晒经卷之台，一称"晒经台"。

行书。无款。

图 7-35 缥经台

三、咒钵庵

砖刻门额（图 7-36）：

咒钵庵

图 7-36 咒钵庵

咒，从口、从兄，祝的本字，佛教徒用道术祝愿盛水钵中生出莲花。见《晋书·佛图澄传》。

楷书。无款。

第二进小屋砖刻（图7-37、图7-38）：

佛在者里　水石间

图7-37　佛在者里　　　　　　　　　图7-38　水石间

"者里"即这里。"佛在者里"，意即佛在心里，即心即佛，心、佛、众生，三无差别，学佛、成佛应向心中求。"水石间"，指小屋环境幽雅，有山石和潺潺的流水，所谓"禅房花木深"。

"佛在者里"，隶书；"水石间"，楷书。均无款。

第三进庵堂对联（图7-39）：

即色即香，美人身而说德；

大慈大顾，恒河沙以为期。

"色即是空，空即是色"，空即香，观音化美人身说德；大慈大悲，发愿不度尽众生誓不成佛。"恒河沙"，佛教术语，比喻物质之多像恒河沙一样。

苏州吴溁敬书。行楷。

桃花涧石刻（图7-40、图7-41）：

印石　斗鸭步

"印石"，状如古代官印的巨石；"斗鸭步"，"步"同"埠"，指观看鸭子水中搏戏之处。据清代《万笏朝天图》中所绘，桃花涧旁有一座水榭面向涧水。

"印石"，篆书；"斗鸭步"，楷书。均无款。

图 7-39　第三进庵堂对联

图 7-40　印石

图 7-41　斗鸭步

第四节

白云古刹

一、寺门

砖刻门额（图 7-42）：

白云古刹

图 7-42　白云古刹

唐宝历二年（826 年），僧永安置白云庵于天平山之南址，亦称"天平寺"。宋天圣年间（1023—1031 年），僧宝䄂拓为白云寺，庆历初范仲淹以先墓所在，奏请为范氏功德香火院，宋仁宗以山赐之，敕赐寺额"功德禅院"，这就是范氏的家院，范仲淹延请庐陵僧法远开山。元末寺院毁，明洪武重建，称"白云丛林"。清同治年间（1862—1874 年），主奉范学炳在白云丛林遗址重建"白云古刹"。民国时期，范厚甫重修白云寺大殿三楹，三门两庑等，结构宏整，复功德院旧观。进门天井北墙处有《天平山白云禅寺重兴碑》，明洪武二十五年（1392 年）姚广孝撰文，滕用享书丹篆额，字迹依稀可辨。东墙有《重修白云寺记》碑。

吴郁生于 1920 年题。吴郁生（1854—1940 年），字蔚若，号钝斋，元和县（今江苏苏州）人，清末大臣，书法家。为嘉庆戊辰科状元吴廷琛之孙。光绪三年（1877）进士，授翰林，曾为内阁学士兼礼部尚书、四川督学。主考广东，康有为出其门下。戊戌政变，六君子被戮，慈禧太后因康有为出其门下而不用。及至慈禧太后死，他乃任邮传部尚书、军机大臣。吴郁生善诗文，工书法，他常作正楷、行书。字体初书欧阳率更，后入李北海之室。能参合钟、欧、颜、柳，错综变化，善书擘窠大字，朴茂刚健，浑厚老当，而细滑丰肌，为其书法特色。曾为苏州园林、庙宇、砖刻门楼、匾额题词者众多。

二、院门

砖刻门额（阳面）（图 7-43）：

有唐梵宇

图 7-43　有唐梵宇

唐朝的寺院。

邹嘉来题。邹嘉来（1853—1921年），字孟方，号紫东，自号遗盦。江苏省苏州府吴县人。清朝大臣，清末民初政治人物。世家出身，父隽之亦曾为台官。应科举，中翰林，累迁至外务部尚书兼会办大臣。著作有《怡若日记》不分卷、《遗盦日记》、编《光绪壬午科顺天乡试朱卷》。

砖刻门额（阴面）（图7-44）：

功德禅院

图7-44　功德禅院

功德，泛指念佛、诵经、布施等事。禅院，佛教的寺院。

汪凤瀛书。楷体。

三、大殿

匾额（图7-45）：

万笏揖师

笏，是大臣朝见天子时所执的狭长的手板。揖，即拱手行礼。"万笏揖师"，赞扬范仲淹的德行堪为万人师表，连山石也纷纷丛立，向其拱手行礼。这块云纹金匾下方石板上刻录的是由赵孟頫书写的《义田记》及范仲淹人物像。殿东西墙楠木屏刻祝枝山草书范仲淹名作《岳阳楼记》，历代名士褒扬、拜谒范仲淹的诗作。

正书。无款。

图 7-45 万笏揖师

对联（图 7-46）：

俎豆重苏台，文章留胜地；
功臣传华夏，忠爱数名流。

苏州对于崇奉、祭拜范仲淹甚是隆重，天平山至今留有范仲淹的文章；华夏大地传颂范仲淹为有功之臣，名士之辈称颂范仲淹的忠君爱国。

行楷。款署"甲申清和月，博陵崔护时年八十又二"。

四、白云深处

砖刻门额（图 7-47）：

白云深处

天平山，一名白云山，红枫为其一绝，取唐代杜牧《山行》"远上寒山石径斜，白云深处有人家，停车坐爱枫林晚，霜叶红于二月花"诗意。此处维修改造后于北院建白居易纪念室。

图 7-46 对联

图 7-47　白云深处

第五节

登山道上

一、登山砖墙门

砖墙门额（阳面）（图 7-48）：

登天平路

指示性题额，此为登天平山的主道。

砖刻门额（阴面）（图 7-49）：

万笏朝天

奇石就如百官上朝时的记事笏板一样竖立起来。

图 7-48　登天平路

图 7-49　万笏朝天

二、更衣亭

隶书石刻（图 7-50）：

更衣亭

图 7-50　更衣亭

因传说乾隆皇帝曾在此更衣，故名。刻石于亭旁。

三、三陟阪 ^①

石刻（图 7-51）：

青春鹦鹉

图 7-51　青春鹦鹉

　　因近旁大石形似蹲踞的大鸟，头上弯曲，形如鹦鹉的鸟喙，伸向蹬道，两翅向后伸展，故以其形象名之（图 7-52）。鹦鹉石上有"鹦鹉嘴""鹦鹉石"等摩崖。

图 7-52　鹦鹉石

① 自鹦鹉石到云泉精舍得上山
　路走九步要转三个弯，故名
　"九步三弯"，亦称"三阪阪"，
　现仅存"三阪"二字残石，镶
　于石阶上。

石壁隶书摩崖（图 7-53）：

我家鹦鹉湖，来寻鹦鹉石。

湖遗鹦鹉名，山留鹦鹉迹。

图 7-53　石壁隶书摩崖

咸丰癸丑年（1853 年）平湖王均诗。王均，字梦阁。

石刻（图 7-54、图 7-55）：

石钟　双桃

"石钟""双桃"，形容石形。

图 7-54　石钟　　　　　　　　　　　　　图 7-55　双桃

四、云泉精舍

宋庆历初僧法远于白云泉边筑云泉庵，至南宋，白云泉已声名大著，清乾隆三年（1738年），范瑶重建云泉精舍，有"如是轩""兼山阁"诸构，为品茗胜处。现为白云泉茶室（图7-56）。

图7-56 云泉精舍

石壁摩崖（图7-57）：

白云泉

天平山又名白云山，故名。据传，此泉为唐代白居易在苏州任刺史时所发现。泉为裂隙泉，是天然的优质泉水。其后题咏者甚众。边上石壁为楷体的"南无无量寿佛"。因汇泉入池，养鱼其中，以"庄惠濠梁问答"为题，在池壁上刻有"鱼乐"两字。

巨石摩崖（图7-58）：

天平山上白云泉，云本无心水自闲。
何必奔冲下山去，更添波浪向人间。

图7-57 白云泉

图 7-58　白居易《白云泉》诗

"云本无心"，出自陶渊明《归园田居》诗"云无心以出岫"句，水在悠悠地流淌，"无心""自闲"是对"云水"的拟人化，象征自由自在的心态。何必要舍此而奔冲下山，使本已经不平静的人间世，既增添了波折，又增添了不平静。

费新我左手书。

泉边摩崖（图 7-59）：

仙人影

泉边有一石壁，上有天然石纹，形如一慈祥老者，称为"仙人影"。石旁有书法家曹志桂的行草题诗："清秋气爽胜三春，更欲白云泉引伸。震泽天平当水墨，龙蛇竞笔舞乾坤。"

池壁摩崖（图 7-60）：

吴中第一水

白云泉水清澈透明、醇厚甘洌，胜过唐代陆羽所品评的天下三

图 7-59　仙人影

图 7-60　吴中第一水

泉，故名。此泉从石罅流出，如线状，丝连萦络，下泻于池沼，故又名"一线泉"；旧时，寺僧以竹管接水入石盂中，故又称"钵盂泉"，旁有石刻。

谢孝思篆书。

五、兼山阁

兼山阁位于白云泉畔，李根源《吴郡西山访古记》载："兼山阁木榜款署'依洲老先生属王澍书'。联有赵宦光隶书'池浅还容月，山高不碍云'，吴荫培联'万笏穿云藏翠坞，一盂浸月散珠泉'。"今阁为新建，周边尚存摩崖石刻多方。

石刻（图 7-61）：

兼山

两山重叠。形容静止，比喻安于所处位置，语出《易·艮》："兼山，艮，君子以思不出其位。"

石刻（图 7-62）：

山雨

取唐代皎然《山雨》"一片雨，山半晴。长风吹落西山上，满树萧萧心耳清。云鹤惊乱下，水香凝不然。风回雨定芭蕉湿，一滴时时入昼禅"诗意。

光绪辛卯年（1891 年）谢竹秋、朱云琴、陈福清、谈椎绅题。隶书。

石刻（图 7-63）：

喝月坪

"喝月"，喝令、喝斥月亮，形容气概豪迈，坪，指平坦之地。

图 7-61　兼山

图 7-62　山雨

图 7-63　喝月坪

石刻（图 7-64）：

剑削厓

兼山阁临崖而筑，周围多陡岩峭壁。因石壁片片如剑削得名。

图 7-64　剑削厓

巨石摩崖（图 7-65）：

一峰复一峰，峰峰作笏立。

石与人穿然，万古并薹岌。

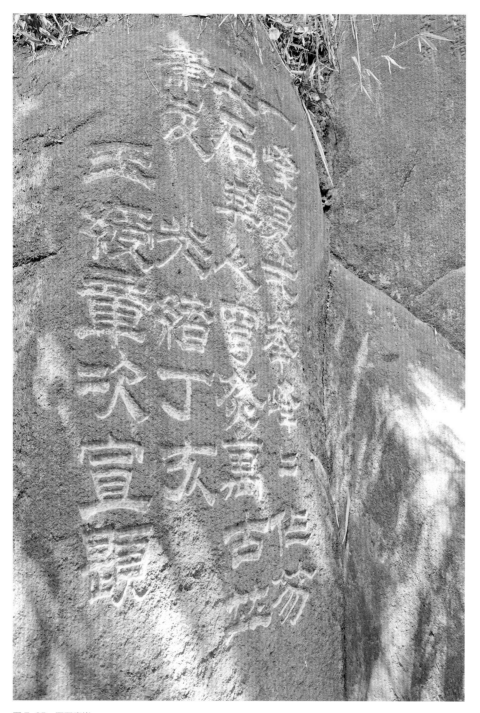

图 7-65　巨石摩崖

光绪丁亥年（1887 年）王绶章题诗。王绶章，字次宣。

一山接一山，峰峰作笏板样站立着；范仲淹与山石一样高峻，其功业彪炳，和奇石一起流传万世。

款署"光绪丁亥，王绶章次宣题"。

六、白云亭

石刻（图 7-66）：

白云亭

图 7-66　白云亭石刻

亭以泉得名，已不复见，仅存摩崖。周边有石刻"叠翠"，即层叠的翠绿色，题景。

七、经幢

石幢下方石刻（图 7-67）：

云中塔

经幢形如直上云霄之塔。山名白云，塔自然为云中塔，与周边白云泉、白云亭、白云精舍诸景相呼应。经幢高约七米，上刻"加句灵验佛顶尊胜陀罗尼咒"，传是宋代古物。石幢有三层石盘，人们往其中扔铜板，掷于顶层，可得钱报；掷于中层，可得子报；掷于下层，可得女报，故又传石幢是"三报塔""子孙塔"。

图 7-67　云中塔

八、穿云洞

篆书石刻（图 7-68）：

穿云洞

图 7-68　穿云洞

"穿云洞"，本名"穿山洞"，危石垒叠出上洞和下洞，由于洞四面皆通，白云可以从山穴穿出，云中守范瑶易名"穿云"，并摩崖以书。穿云洞位于白云精舍上方约五十米处，离白云亭不远。

九、青峰亭

石刻（图 7-69）：

青峰

图 7-69　青峰

青峰亭于 1955 年在原"青峰亭"的地基上重建，为套方亭，一名梭子亭。亭边有石刻青峰，有形似春笋的"玉笋石"和形似玉琢屏风的"护山奇石"（图 7-70）。

图 7-70　玉笋、护山奇石

青峰亭对联（图 7-71）：

高树鸟啼青嶂里；

半山泉响白云中。

图 7-71　青峰亭对联

鸟儿在高树上鸣叫，苍翠的树木，使山峰成为青色的屏障；半山腰的泉水声响遏白云。

谢孝思书。

十、观音塔

摩崖石刻（图 7-72）：

佛

图 7-72　观音塔（佛）

"佛"即无量光、无量觉、无量寿。"俙摩阿弥陀佛"，即"南无阿弥陀佛"，"俙摩"亦作"南无""南膜"，皈命、接受之意，表示对佛法僧三宝的皈敬。"阿"是无量光；"弥"是无量觉；"陀"是无量寿；"阿弥陀佛"即"无量寿佛""无量光佛"，是西方极乐世界的教主。佛教净土宗的"六字洪名"，专念此名，临命终时可往生极乐世界。传为苏东坡为天平山寺僧题，故石刻"东坡"。

"岫云"，从山穴里飘浮出来的白云，是不拘束、自由自在的意思。取陶渊明诗"云无心以出岫"句意。光绪丁亥年（1887年）新秋镇海朱世能偕弟世复游题。

十一、龙门

摩崖（图7-73、图7-74）：

龙门在望　一线天　龙门

图 7-73　龙门在望、一线天　　图 7-74　龙门

青峰亭西"天开一罅通"，双崖壁立，相对如门，称为"龙门"。"龙门在望"即龙门就在眼前。入龙门，只能看到一线青天，故又名"一线天"。过龙门有一块高约十七米的巨石临悬崖，明代高启《五丈石》诗咏之曰："势危撑月堕，影瘦倚云平。仿佛华峰开，莲花一半生。"

十二、飞来峰

摩崖石刻（图 7-75）：

飞来石

宛若飞自天外之石。

图 7-75 飞来石

摩崖（图 7-76）：

览胜

图 7-76　览胜

观览胜境。从此处开始，山上的石峰奇形怪状呈笏立状，游人可驻足观赏。

十三、望枫台

正楷石刻（图 7-77）：

望枫台

眺望天平红枫之台。天平红枫，是山景之一绝，此处为观赏红枫绝佳处。

图 7-77　望枫台

十四、回音谷

隶书石刻（图 7-78）：

回音谷

图 7-78　回音谷

能传出回声的山谷。

云叟题。

摩崖（图 7-79）：

常随佛学

恒常追随佛陀学习，乃普贤菩萨十大行愿之一。《大方广佛华严经普贤行愿品》云："普贤菩萨摩诃萨，称赞如来胜功德已，告诸菩萨及善财言：'善男子！如来功德，假使十方一切诸佛，经不可说不可说佛刹极微尘数劫，相续演说，不可穷尽！若欲成就此功德门，应修十种广大行愿。何等为十？一者、礼敬诸佛。二者、称赞如来。三者、广修供养。四者、忏悔业障。五者、随喜功德。六者、请转法轮。七者、请佛住世。八者、常随佛学。九者、恒顺众生。十者、普皆回向。'"

图 7-79　常随佛学

石刻（图 7-80 ）：

宴坐

图 7-80　宴坐

　　闲坐、静坐之意，传为乾隆御题。巨石形如印章，端坐于磐石之上，寂静安详。佛家也常以"宴坐"指坐禅。《维摩诘所说经·弟子品》云："夫宴坐者，不于三界现身意，是为宴坐。"《楞伽阿跋多罗宝经·一切佛语心品之一》曰："最胜无边，善根成熟，离自心现妄想虚伪，宴坐山林，下中上修，能见自心妄想流注。"

　　石刻（图 7-81 ）：

雨华

图 7-81　雨华

"雨华"即雨花。元代杨维桢《雪》诗言"龙喷雨花天作瑞"，天平山上"雨华"石刻与龙石两地相望。佛祖说法，天雨众花。

十五、中白云亭

石刻（图7-82）：

中白云　石屋

图7-82　小石屋

由飞来峰至此为中白云区，这里原有观音大士殿三间，后改建为中白云方亭。亭旁有小石屋，屋为石穴空洞，三面壁立，上覆盖大石，俨如屋子，刻楷体"石屋"于石上。

"中白云"为徐穆如于丁亥年（1947年）九秋篆书。

石刻（图7-83）：

奇峰

奇峰是对此地各种奇石的总称，如"一叶舟"石（图7-84）、剪刀峰（笔架峰）、"仙人履"石（图7-85）、"石象"石（图7-86）、"卧龙"石（图7-87）、"鳌鱼石"（图7-88）等。"奇峰"石背面，在其所立之石的上部有楷书"飞来"，未描摹。奇峰与飞来峰一小一大，都是飞来的，相互呼应。

图 7-83　奇峰

图 7-84　一叶扁舟载雪月

天平山庄（明）

图 7-85　仙人穿芒履

图 7-86　石象

图 7-87　卧龙

图 7-88　观音坐骑点化成鳌鱼石

十六、二泉

石刻（图7-89）：

卓锡泉

图 7-89　卓锡泉

以锡杖（禅杖）卓石，泉水涌出，因名。卓锡泉在中白云亭北面不远，与其下方西面山道上的"一叶舟"石呼应。

篆书石刻（图7-90）：

一砚泉

石壁下有一池，长约七米，宽三米余，深不盈尺，形似巨砚，因名。泉水汇聚砚一方，清澈晶莹。

十七、卓笔峰

石刻（图7-91）：

卓笔峰　卓笔

卓然直立如巨笔的山峰。石上刻有竖行"卓笔锋"和横行"卓笔"小字。范仲淹有诗云："笠泽砚池小，穹隆架石峨。仰凭天作纸，写出太平歌"。

图 7-90　一砚泉

图 7-91　卓笔峰

十八、山神洞

石刻（图 7-92）：

天平山之神

图 7-92　山神洞

　　山神洞在天平山山阳正中，当地人常到此处祭拜山神。洞两边的石刻浮雕是文曲星和武曲星。"天平山之神"石刻为乾隆年间范瑶所题。

十九、莲华洞

石刻（图 7-93）：

莲华洞

　　因四面诸峰拱卫如莲花而得名。佛教以莲花比喻佛性，是西方净土的象征，是孕育灵魂之处，象征"纯洁"，经过此地上白云，正是走上圣洁之途。洞旁旧有佛堂三楹以及文昌阁、达摩阁，已倾圮。目前，我们见到的文昌阁为近年来新建的。阁旁有款署"茂苑米载扬书"的石刻"莲华洞"（图 7-94）。"茂苑"为苏州古称，米载扬，生平不详。"华"为古字，即花，周边有"莲花洞"石刻。

　　摩崖（图 7-95）：

万笏朝天

　　奇石危耸，嶙峋峻峭，气象万千。此处为月照法师于庚寅年（2011 年）题。而全景观赏天平山峰峰作笏立的佳处是嬷嬷岭，光绪丁亥年（1887 年）清人篆书"万笏朝天"于其处，款署"平湖王成瑞偕吴县周德瑞、海昌沈尔桢、会稽陆家锦、镇海朱世能、乌人文、陈家恩来游题，此儿子绥章宝文，孙元琪侍"（图 7-96）。

图 7-93　莲华洞

图 7-94　米载扬书莲华洞

图 7-95　新万笏朝天题刻

图 7-96　嬷嬷岭"万笏朝天"

二十、紫薇林

石刻（图 7-97）：

图 7-97　紫薇林

　　紫薇花花期长、花姿美，身份尊贵。唐开元元年，因中书省中种植紫薇花又有紫薇省之称，中书舍人被唤作"紫薇郎"，白居易《紫薇花》诗："丝纶阁下文书静，钟鼓楼中刻漏长。独坐黄昏谁是伴，紫薇花对紫微郎。"

二十一、二线天

石刻（图 7-98）：

二线天

　　两堵垂直石壁之间，劈出一条天然石缝，虽不如一线天险要，但仍具有形胜之美。

二十二、三线天

石刻（图 7-99）：

三线天

　　三线天由三块巨石组成，其中两块巨石呈"V"字形竖起，另一块巨石盖在上方，只能容一人穿行。

图 7-98　二线天

图 7-99　三线天

图 7-100　白云洞

二十三、白云洞

石刻（图7-100）：

白云洞

白云洞在上白云，又名大石屋，是天然的石屋洞穴。旁有石亭，内置香火案头，供石米勒佛。

摩崖石刻（图7-101）：

登山如登桥，步步走上白云霄。
抬头四望落日外，此去西方一直到。
承兴游人到此间，也须快念弥陀好。

图7-101　白云僧题诗

登山同爬桥，一步步攀登到了上白云，四望落日，似乎在向佛教所称的西方极乐世界走去一样，起了兴致游玩到此的人们，要口诵"南无阿弥陀佛"。款署"道光十七年四月初八日白云僧慧安敬勒"。

二十四、云上

摩崖石刻（图7-102）：

云上

表示已经达到天平山峰顶。小字题刻"我来上白云，身在白云上"。"身在白云上"出自宋代杨万里诗《中元日晓碧落堂望南北山二首》："登山俯平野，万壑

图 7-102　云上

皆白云，身在白云上，不知云绕身。"

上白云奇石异峰，如"灵龟石"因石外形似龟而得名，龟为古代四灵之一，"能见存亡，明于吉凶"，《西游记》中说唐僧师徒取经幸得老鼋驮其过通天河；"佛手石"形似释迦牟尼佛张开的巨手，"艮"为指，见指、见掌为吉。风水学上有"艮八运"之说，"艮"见于东北则人旺，希望能达成；"天庭一柱"（图 7-103）如同仙境中的庭柱等等。至此地，游人不是仙家客，足也踏云天上行。

长白达桂题。

图 7-103　天庭一柱

刻石：

望湖台 ①

可极目远眺太湖烟波之台。山顶平坦宽广，能容数百人。"拂石以坐，则见山之云浮浮，天之风飕飕，太湖之水渺乎其悠悠"（高启《游天平山记》），令人心旷神怡。望湖台上有一圆石，面向太湖，称照湖镜，石刻"天平之巅"（图 7-104）：

图 7-104 照湖镜

二十六、童梓门

南面门额（图 7-105）：

童梓门

山岭、土地无草木为"童"。"梓"为"木王"，《尚书》以《梓材》名篇，云："桥者，父道也；梓者，子道也。"天子受命于天，以天下为家，以百姓为子民，御道所经之处哨卡之所在，以"童梓门"名之。又因天平山有观音塔，不远处即为支硎山，又名观音山，山有观音寺，寓意童子拜观音。

王西野书额。

北面门额（图 7-106）：

天平在望

天平山就在眼前。吴进贤书。

图 7-105　童梓门

图 7-106　天平在望

第六节

范氏祖茔

牌坊

西面额（图 7-107）：

范氏迁吴始祖唐朝柱国丽水府君神道

"迁吴始祖"指范隋。"唐朝""丽水"指范隋在唐懿宗时调任浙江丽水县丞，携眷南迁，后因战乱"不克归"，举家定居苏州芝草营巷。"柱国"指肩负国家重任的大臣。"府君"是子孙对先世的敬称。"神道"是指墓前的开道。这座两柱云

图 7-107　范氏祖茔牌坊西面（范氏迁吴始祖唐朝柱国丽水府君神道）

兴冲天式花岗石牌坊于雍正年间修建。牌坊旁有清乾隆七年《范氏迁吴始祖唐柱国丽水府君墓门碑》。

东面额（图 7-108）：

祥发中吴

"祥发"，即发见祯祥，取自《诗经·商颂·长发》："濬哲维商，长发其祥"。"中吴"，旧苏州府的别称。

天平山庄（明）

图 7-108　祥发中吴

第七节

范公祠

一、先忧后乐坊

坊额（图 7-109）：

先天下之忧而忧；
后天下之乐而乐。

取自范仲淹《岳阳楼记》中的名句。来自大乘佛教的菩萨行和老子《道德经》的启示。"先忧"，反映了痛切的忧国忧民意识；"后乐"，将个人的逸乐置于"天下乐"的前提下考虑，与民同乐，以精神上的娱乐为主，鄙弃或轻视物质享受。

顾廷龙书。

图 7-109　先忧后乐坊

二、庙门

匾额（图 7-110）：

忠烈庙

图 7-110　庙门额

范公去世后，1123 年，庆州统帅宇文虚中以"公忠于朝廷，其功烈显于西土，至今犹庙祀益虔，然庙未有额"为由，上表请额，宋徽宗因以"忠烈"赐之。范仲淹曾任陕西经略安抚缘边招讨副使，在抗御西夏侵扰方面做出了杰出的贡献。

三、庙大殿

匾额之一（图 7-111）：

济时良相

图 7-111　济时良相

清康熙皇帝南巡时所赐，表彰范仲淹的功绩。范仲淹在庆历革新时迁参知政事，提出了十项改革措施，毕生以治政、治军的功绩赢得了世人和后代的称颂。

吴进贤书。隶书。

匾额之二（图 7-112）：

学醇业广

图 7-112　学醇业广

学道醇厚，事业宽广。

清乾隆皇帝南巡时所赐，今为张辛稼补书。行书。

匾额之三（图 7-113）：

第一流人物

图 7-113　第一流人物

南宋朱熹对范仲淹的品评。

楷书。款署"朱熹书"。朱熹（1130—1200年），字元晦，又字仲晦，号晦庵，晚称晦翁。祖籍江南东路徐州府萧县，南宋时朱氏家族移居徽州府婺源县（今江西婺源）。出生于南剑州尤溪（今属福建省尤溪县）。宋朝著名的理学家、思想家、哲学家、教育家、诗人、闽学派的代表人物，是程颢、程颐的三传弟子李侗的学生，儒学集大成者，世尊称为朱子。

对联（图7-114）：

甲兵富于胸中，一代功名高宋室；
忧乐关乎天下，千秋俎豆重苏台。

范仲淹才兼文武，腹中自有数万甲兵，在宋王朝建立了大功；他"先忧后乐"的崇高精神境界，赢得苏州人们千秋祭奠。

清宋荦撰，费新我书。隶书。

图7-114　对联

四、三太师祠

匾额（图7-115）：

三太师祠

图7-115　三太师祠

三太师指范仲淹曾祖范梦龄、祖父范赞时和父亲范墉，分别封徐国公、唐国公和周国公，均被赠太师衔，故名三太师祠。

对联（图 7-116）：

以范坟名山，后乐先忧承祖德；
为秋游增色，碧云红叶谱新词。

忧国忧民，置个人逸乐于民乐之后，功勋卓著赐山，以范坟山称呼，继承祖先的功德；碧云红枫，灿烂如霞，为秋游增添风采，谱写出新的词章。

王西野撰句，程质清书。隶书。程质清，中国慈善书画名家委员会副主任，中国书画收藏家协会理事，中国书法家协会会员，京华书画家协会理事。

碑廊旁摩崖刻石（图 7-117）：

淳熙甲辰九月旦日，范公瑞、王祖文来游，黄裕老住山师寿继至，弟公铎、公訔、子侄良史、良讣侍。

南宋淳熙甲辰（1184 年）九月初一，范公瑞、王祖文来游玩，住山师黄裕的寿辰紧接着来了，范公瑞的弟弟范公铎、范公訔以及下一辈子侄范良史、范良讣在黄裕身旁陪着。范公瑞、范公铎、范公訔为范氏第五世，范良史、范良讣为范氏第六世。

图 7-116 对联

图 7-117 碑廊旁摩崖刻石